一式戦闘機隼。隼が制式機となるためには、突破しなければならない２つの関門があった。１つは格闘戦で威力を発揮し、ノモンハン事件で活躍した九七式戦闘機との空戦を制する能力を持つこと。２つめは石油資源確保のための南方作戦実施の必要性から、長大な航続力を有することであった。

上から二式単座戦闘機鍾馗、四式戦闘機疾風、特殊攻撃機剣。剣は特攻を意図して作られた飛行機として戦後に批判をうけたが、主任設計者の著者によれば攻撃後に帰還を期する機体であったという。

NF文庫
ノンフィクション

新装版
中島戦闘機設計者の回想

戦闘機から「剣」へ——航空技術の闘い

青木邦弘

潮書房光人新社

序

本書は第二次大戦中、中島飛行機における陸海軍航空機の開発、生産等に関心のある方々を対象にして書いたものである。

戦時中、飛行機の設計者は、それぞれの機種別に分かれ、各地の工場に分散して働いていたので、戦争が終わってみると、会社全体としてはどんな仕事をしてきたのか、計りかねていた人は少なくなかったと思う。そこで、せめて私の関わっていた戦闘機に関する分野だけでも、その点を明らかにしたいと思い、本書を綴りはじめた。

思えば中島飛行機は、大戦の終了とともに、二九年の短い歴史を閉じたが、その間、大戦中の陸海軍の戦闘機は、半ば以上が中島の生産によるものであった。以来、ほぼ半世紀が経過したが、これらの業績についてまとめられたものは少ないように思われるので、その空白の一部でも埋めようと、あえて先輩諸兄をさしおいて筆を進めた次第である。

また、これを機に各国戦闘機について進歩のあとを探り、その中にあって日本機のレベルはどの辺にあったのか、私なりに推測してみたが、ご参考になれば幸いである。

平成七年の本稿の自費出版に当たっては、戦前同じ会社に籍をおいた松本俊彦、角正夫両氏にいろいろとお手伝いをいただいた。松本さんには、主として写真の収集、用語の統一のほか、部分的に私の記憶違いの訂正など、また角さんには、主として原稿を整理、清書していただいた。

お世話になった数多くの方々に厚くお礼を申し上げる。

平成十年十一月

青木邦弘

中島戦闘機設計者の回想——目次

序

第一部　設計者の見た第二次大戦戦闘機

はじめに……17

第一章　戦闘機の近代化……21

中島飛行機と戦闘機……21

陸軍戦闘機　21　海軍戦闘機　26

大戦中の日本の戦闘機生産量……29

複葉から単葉への移行　29　メーカー・機種別生産量比較　32

中島に集中したエンジン生産　35　エンジン工場爆撃と戦闘機

生産量の変化　36

大戦中の各国の戦闘機生産量……39

(1)ドイツ　39　(2)イギリス　41　(3)アメリカ　44

第二章　戦闘機と制空権……47

日華事変と制空権……47
直掩戦闘機なしの爆撃機の悲劇　47　零戦の登場　49
英本土航空戦と制空権……50
バトル・オブ・ブリテン　50　制空権が決した大戦の帰趨　51
真珠湾奇襲作戦と制空権……52
史上初の機動部隊作戦　52　一方的な勝利　54
マレー沖海戦と制空権……55
「軍艦」対「航空機」の決戦　56　海戦を支配した制空権　58
ビルマ、マグエの航空撃滅戦……59
英米残存航空基地捜索　59　ビルマ戡定に寄与した大空襲　60
珊瑚海海戦と制空権……61
機動部隊の激突　61　前哨戦　62　三〇〇キロを隔てての大海戦　63　機動部隊の宿命　66
ミッドウェー海戦と制空権……67
日米の明暗を分けた大海戦　67　両軍の戦力比較　69　海戦の経過　72　日本艦隊敗北の根本原因　82

第三章　戦闘機の発達と翼面荷重……87

性能向上と重量増加……87
空戦のルールを変えた技術革新　87　軽戦と重戦　89

翼面荷重による優劣比較……91
戦闘機の能力を測る尺度　91　翼面荷重のグラフ　93

増大する翼面荷重……98
戦闘機の進歩と翼面荷重の関係　99　大戦中の戦闘機の翼面荷重　99　大戦末期の戦闘機の標準翼面荷重　100　戦闘機開発に要する期間　102

日本が重戦開発に遅れた理由……103
(1)工業技術の水準の相違　104　(2)環境の相違　105　(3)空中戦法の変化　106　(4)国民性の影響　107

重戦への模索……108
独英機と日本機の根本的相違　108　隼試作仕様書の問題点　110　長びく審査　112　初の本格的重戦鍾馗誕生　115

第四章　翼面荷重から見た第二次大戦の主力戦闘機……119

戦闘機競争スタート……119

日本陸軍の主力戦闘機……123

「九七戦」対「隼」 123　求められた航続性能 124　隼と鍾馗と

メッサーシュミット 126　世界の一流機に肩をならべたキ・八

四「疾風」 129　大戦末期の戦闘機生産状況 136　高々度戦闘

機キ・八七の開発 139　日本陸軍戦闘機への欧米の評価 139

日本海軍の主力戦闘機……141

九六艦戦から零戦へ 141　重戦計画の遅れ 143　零戦各型の

変遷 146

ドイツの主力戦闘機……148

メッサーシュミットとフォッケウルフ 148　大幅な性能向上を

可能にした液冷エンジン 151

イギリスの主力戦闘機……152

防衛的性格をもったスピットファイア 152　一機種で戦い抜い

たイギリス 154

アメリカの主力戦闘機……157
グラマン戦闘機 157　イギリスが採用したムスタング 159
地上攻撃に活躍 160　エンジンを換装して爆撃機掩護の切り札
に 162　連合軍に勝利をもたらしたP-51 164
おわりに……169

第二部　主任設計者の回想

キ-一一五「剣《つるぎ》」誕生秘話……175
三鷹研究所の発足……175
キ-八七設計チーム移転 175　工場建設進む 176　設計室勤
労学徒たち 178
発想の原点……179
B-29の来襲 179　防空戦闘隊将校の話 182　方向転換 185

設計の基本方針……187
小型爆撃機の構想 187　簡易化の工夫 189　「剣」の命名 190
風洞実験と荷重倍数 191
試作機完成……193
設計開始へゴー 193　一号機完成時のハプニング 194　試作
仕様書について 198　計画説明書の発見 199
研究所疎開……202
岩手県への疎開命令 202　混乱の中で 204
最後の飛行機……207

写真・資料提供／著者・松本俊彦・宇佐見久雄・「銀翼遙か——中島飛行機五十年目の証言」(太田市刊)・国際基督教大学・雑誌「丸」編集部

航空機三面図作製／野原　茂

中島戦闘機設計者の回想

――戦闘機から「剣」へ――航空技術の闘い

中島飛行機株式会社の社章

中島の“中”の字を陸軍・海軍・民間を表わす飛行機がとりまき、飛行場を示す緑が地色に使われている

中島飛行機株式会社は、飛行機は一機で魚雷攻撃によって巨艦も沈めることができ、資源の少ないわが国の国防に最も適していると考えた海軍機関大尉中島知久平氏が、大正六年（一九一七年）に、海軍を辞し郷里の群馬県尾島に設立した会社である。初期には試験飛行を利根川の河原で行なっていたが、やがて太田製作所が完成、陸海軍双方に向けて軍用機を量産し、昭和九年（一九三四年）に、昭和天皇の行幸を賜っている。エンジンは、はじめ東京の荻窪工場で生産していたが、後に量産の主力工場として昭和十三年に武蔵野製作所、昭和十六年（一九四一年）には多摩製作所が建設された。また海軍機の工場として小泉製作所が昭和十四年に稼動を開始した。中島知久平氏は昭和五年（一九三〇年）に代議士当選以来一五年間、政治家としての生活を送り、政友会総裁でもあった。超大型六発爆撃機富嶽も中島知久平氏の発想である。

敗戦で会社は離散したが、昭和二十八年（一九五三年）に富士重工業株式会社が設立され、航空機工場が復活した。戦後初の国産ジェット機T-1、曲技可能な軽飛行機エアロスバル等の生産も行ない、最近では、米国ボーイング社の民間輸送機の分担生産、ターボプロップの初等練習機T-5、中型ヘリコプター等の生産を行なっている。しかし、会社の売り上げの大半はスバルから始まったレガシー、インプレッサ等の乗用車である。

第一部——設計者の見た第二次大戦戦闘機

はじめに

学校を出るとすぐ航空機会社に就職し、そのまま終戦まで航空機一筋で生きてきた私である。それが、なぜか終戦を境に、航空機の話をするのも聞くのもたくさんだという時期がしばらく続いた。いまにして思えば、子供が好きなおもちゃを取りあげられて、ふてくされているのに似た心境であったと思う。それが、還暦とはよくいったもので、六〇の坂を越えるころから昔のことが妙に懐かしく思い出されるようになってきた。

考えてみると、若いころは仕事に追われていたせいか、とかく集まりの悪かったクラス会などにも、年をとると思いがけなく大勢の仲間が、どこからともなくしらが頭やはげ頭を振りたてて集まってくる。昔のことが懐かしく思い出されるからなのであろう。

私もその例にもれず、六〇を越えるころから、それまで抱いていた航空機に対する妙な抵抗感も薄れ、通りすがりにふと立ち寄った本屋などで、昔懐かしい戦闘機の名前を冠した本を見かけると、思わず手にとって目を通すようになってきた。

そんな折に、いつも頭に浮かぶのは大戦中、われわれが必死になって造った戦闘機は、世界の戦闘機に伍して実際にはどの程度のレベルにあったのか、自分の目で確かめてみたいという強い願望であった。

戦後数十年を経過して、かつては厚いカーテンの陰に隠されていた各国の戦闘機も、いまではすっかりベールを脱いで、関係図書が数多く出版されている。しかし、その多くは戦闘機個々についての、人間でいえば伝記風のものが多く、それはそれなりに興味はあるが、私が知りたいのは戦闘機個々の詳細ではなく、国別の戦闘機の総合的レベルの比較である。

しかし、それには多数の文献をそろえ、時期的に対応する機種を選んで読みくらべていかねばならず、専門家ならいざ知らず、一般の航空ファンにとっては煩雑でかえって興味を失わせる。それよりも、大戦中各国が必死になって競い合った戦闘機の開発状況を、なんらかの方法で全体として展望することの方が、各国の戦闘機に対する考え方や、よってきたる特色などもうかがい知ることができ、目的としているわが国戦闘機の水準はもちろん、各国戦闘機の水準もおのずから浮き彫りにできるのではなかろうかと考えた。

そう考えて、以来ひとしきり航空関係の図書に目を通してみた。しかしながら、いざやってみると数十冊の本を読みくらべるだけでは、いたずらに年寄りの頭を混乱させるばかりなので、まずは頭の中の交通整理が必要と感じ、簡単なメモを作ることからはじめてみた。

そのメモが、いつの間にか溜まりに溜まって、こんどはそのメモの整理が必要になってきた。そして、メモを分類し整理しているうちに、少々手を加えてつなぎ合わせたら、ひとつの読み物になるのではないかと思った。

当時、たまたま老人の呆け防止に何か頭脳の体操になるものはないものかと思っていた矢先だったので、それには打ってつけの仕事と思うようになった。そう思って書いたのが本書で、一口にいって大戦中の戦闘機の世界を全体的に展望し、感じたことを大ざっぱにではあるが書き記したものである。

ところで、大戦中の戦闘機の話はすでに出つくしている。いまさら新しい話があるわけではないが、同じ富士山を見るにも角度によってその姿は様々であり、戦闘機の世界も同じである。

私は、自分の見たいと思う角度から、じっくり眺めてみたいと思ったのが、私の「つれづれ草」の始まりである。

それにしても、この年になって慣れない筆を執る気になったのは、じつはもう一つの理由があった。

企業にはよく社史というものがあるが、中島飛行機は歴史も浅かったうえ、仕事が仕事であったため秘密に属するものが多く、そのようなものが作られたという話を聞いたことがない。といって、いまから作ろうとしても簡単には作れない。特に技術に関する面には問題が多い。なぜならば、終戦と同時に大部分の資料は焼却しつくされ、会社も地域ごとに十数社に分割され、それにともなって技術者たちも分散してしまった。

航空機の開発には、専門の異なる多くの技術者が関係している。技術史をまとめようとすると、これらの人々の協力が必要となってくる。しかしながら、戦後半世紀を経過し、当時若輩であった私でさえ、いまでは八〇の坂を越えてしまった。

当時、技術の中枢を担っていた先輩、同僚諸氏の中には、すでに物故された方々も少なくない。存命中の方々といえども、皆が皆体力的にこのような仕事に適するとは思えない。いまとなっては、銘々勝手でよいからできるだけ多くの方々が、自分の関係した飛行機に関して知っていることを書き残しておくならば、いつの日にかまたお役に立つこともあろうかと思うのである。それはまた、戦時中秘密のカーテンに隠されていた軍用機の開発に関わってきた者の、ささやかな義務であろうかと思っている。

強いてこんな風に自らにいい聞かせ、内心は老人の呆け防止と年来抱いていた好奇心を満足させたいという、二重三重の欲張った考えから筆を執った次第である。

そんなわけで、本書は確たる目的で、権威のある資料に基づいてまとめた格調高い技術書などというものではない。大戦中、戦闘機の開発に関わった一員として、折に触れて心に浮かぶ戦闘機の思い出や感想を、つれづれなるままにそこはかとなく書き綴った随想に過ぎない。

それにしても、約半世紀の昔にさかのぼり、敗戦という大きな断層の彼方に置き忘れてきたおぼろげな記憶を頼りに、思いつくままに書き綴ったもので、回想というよりも漫談とでもする方がふさわしいのではないかと思っている。

それにしても、切れない包丁で刺身を作るのに似て、内容に粗削りな点も多々あるが、いまや古典機となりつつあるプロペラ戦闘機に、今日なお興味をもっていてくださる方々に読んでいただければ幸いである。

第一章　戦闘機の近代化

中島飛行機と戦闘機

本論に入る前に、私の勤めていた中島飛行機とはどんな会社であったのか、一言説明が必要だと思う。そうはいっても、バランスシートなどを持ち出して、企業としての優劣を論じようなどと思っているのではない。「国防」を社是としていたこの会社を理解するには、大戦中第一線にどれだけ戦闘機を送り届けたかを知るのが早道だと思う。

特に戦闘機と断わったのは、この会社は大戦中、陸海軍双方にとって戦闘機の主要生産工場となっていたからである。しかし、はじめからそのような意図があったわけではなく、戦争が終わってみると結果的にそうなっていたのであった。

中島が第一線に送った戦闘機数を調べる前に、その背景となった中島と戦闘機の歴史的関わり合いを一目眺めてみよう。

陸軍戦闘機

次の表1は、国際情勢が騒然となりはじめた昭和七、八年（一九三二、三三年）から終戦に至るまでのわが国の陸海軍代々の単発単座制式戦闘機を、年度順、製作会社別に示したものである。

まず、陸軍からはじめよう。昭和七年から九年までの三年間は、中島製の九一式戦闘機が制式機であった。同機は、中島と三菱航空機の競争試作の結果、中島機が勝って制式機となったものである。なお、六年九月に勃発した満州事変に対する緊急措置として、防空戦闘機的性格の川崎製複葉型の九二式戦闘機を採用し、九一戦と併用している。

次の昭和十年から十二年までの三年間の九五式戦闘機は、川崎航空機と中島の競争試作で、川崎機が勝って制式機となったものである。ここまでは第二次大戦前の古い型式のパラソル型および複葉型戦闘機であった。

次に、日華事変勃発の翌十三年（一九三八年）、陸軍最初のモノコック構造の近代的全金属製低翼単葉型の九七式戦闘機が制式機となった。同機は、中島、三菱、川崎の三社による試作競争の結果、中島が勝って制式機に採用されたものである。

こうして過去の実績をたどってみると、中島は常に陸軍戦闘機の試作競争に参画し、そのうち二回まで勝ち、さらに最後は三社による試作競争にも勝った。

これがきっかけとなって、以後陸軍は戦闘機試作競争をやめ、中島一社に特定して発注するようになった。

こうして生まれたのが、中島の戦闘機シリーズ九七式戦闘機、一式戦闘機隼《はやぶさ》、二式戦闘機鍾馗《しょうき》、四式戦闘機疾風《はやて》であった。その後、キ‐八七（高々度戦闘機）と続いたが、同機は試作一機のみで終戦を迎えている。

表1：陸海軍歴代制式戦闘機（年度別・メーカー別）

	陸軍			海軍					
昭和	中島飛行機		川崎航空	中島	三菱航空		川西航空		備考
7	九一線		九二戦	九〇艦戦				複葉型時代	
8	同上		同上	同上					
9	同上								
10			九五	九五艦戦					
11			同上	同上					
12			同上		九六艦戦			単葉型時代	・スペイン内乱開始
13	九七戦				同上				・日華事変開始
14	同上				同上				
15	同上				零戦				・ノモンハン事件
16	隼	鍾馗			同上				・独英開戦
17	同上	同上			同上				・独ソ開戦 ・日米開戦
18	同上	同上	飛燕		同上				
19	疾風		同上		同上	雷電	紫電		
20	同上		同上		同上	同上	紫電改		・ドイツ降伏 ・日本降伏
			五式戦						

中島九一式戦闘機

川崎九二式戦闘機

なお、陸軍では例外的にドイツのダイムラーベンツDB601型エンジンを導入国産化し、液冷式エンジン付戦闘機開発のため、川崎にキ-六一の試作を命じ、三式戦闘機飛燕《ひえん》として採用している。

(注、川崎はベンツ・エンジンの国産型ハ-四〇の改良型ハ-一四〇生産移行に手間どり、昭和十九年末までに飛燕の首無し機体が三五〇機以上になった一方、十月から三菱製空冷ハ-一一二に換装する設計を進め、二十年一月、一号機を完成させた。テストの結果、多少速度は落ちたものの逆に空戦性能が向上する効果があった。軍はただちに五式戦闘機〈キ-一〇〇〉として採用、終戦までに三九〇余機が作られ、

本土防空戦に活躍したが、遅きに失したといえる）

これに先んずる昭和十一年（一九三六年）、陸軍は中島にキ－一二試作戦闘機の開発を命じている。同機は、特にフランス人技師を招聘して設計したもので、同国製の液冷式イスパノスイザ・エンジン（六八〇馬力）を搭載し、エンジンの軸心に二〇ミリ・モーターキャノンを備えて、当時の戦闘機としては最初の引込式脚を採用していた。最高速度は四八〇km／hで、時を同じくして試作を完成した三社競争の戦闘機に比べて、ほとんど差はなかった。いまになって考えると、後に述べる重戦の走りで、

川崎九五式戦闘機

中島キ－12試作戦闘機

試作は一機で終わっている。

私は当時、九七戦の試験飛行に追われ、詳しい結果は知らなかったが、フランス人好みらしい美しい線をもった戦闘機であったことを覚えている。フランス人技師は二人来て、二人のうち一人は空気力学専門の主任技師で、もう一人は構造力学専門の副主任であった。ヨーロッパでは、このように設計チームを編成しているらしい。先輩から、「彼らは俺たちより五〇倍もの月給をとっているんだぞ」と聞かされて、驚いたものである。

荷重試験が始まって、胴体の段になり、胴体が鉄塔に固定され、尾部端に負荷がかけられはじめて、破壊荷重を超えていったが、いくら負荷を増してもびくともしない。試験場の技師たちの方が「俺たちの鉄塔の方が壊れてしまう」。と音《ね》をあげ、試験を中止してしまった。

この調子だと、他の部分も相当頑丈にできていたに相違ないと思った。日本の構造規格はアメリカをまねたもので、いまにして思えば、ヨーロッパでは戦闘機には、強度上かなり余裕をもたせるのが一般的考え方であったのかも知れない。

海軍戦闘機

次に海軍関係について述べる。

表1に見るとおり、昭和七年から九年までの三年間は九〇式艦上戦闘機が、続いて昭和十年、十一年の二年間は九五式艦上戦闘機が制式機の座を占めていた。この二つの戦闘機は、競争試作によらず中島単独で開発したもので、ここまでが古い型の複葉型戦闘機であった。

続く昭和十二年から十四年までの九六式艦上戦闘機は、三菱と中島の競争試作の結果、三菱が勝って制式機となったものである。本機は、わが国として陸海軍を通じて複葉型から全金属製片持式低翼単葉機に移った最初の制式戦闘機であった。

この時期は、戦闘機にとって一つの革新期といってよい。世界の戦闘機は申し合わせたよ

ハインケル He51

グロスター・グラディエーター

中島九五式艦上戦闘機

うに、いっせいに複葉型から低翼単葉型に移っていった。表2は日、独、英三国の最初に主力戦闘機となった低翼単葉型機の開発時期を比較したものである。

表は、前記三国の最初の近代的低翼単葉型戦闘機を開発順に並べたもので、開発時期は記録のもっとも確かと思われる初飛行の年月を採った。

まず、日本海軍は九五艦戦から近代的な九六艦戦に代わった。ドイツはハインケルＨｅ51からメッサーシュミットＢｆ１０９に代わり、イギリスはグロスター・グラディエーターからホーカー・ハリケーンおよびスピットファイアに代わり、最後に日本陸軍も九五戦から九七戦に代わっている。

表2：最初の単葉型主力戦闘機誕生比較

		昭和10年		昭和11年
日本海軍	九六艦戦	2月 ○		
ドイツ	メッサーシュミット Bf109		9月 ○	
イギリス	ホッカー・ハリケーン		11月 ○	
日本陸軍	九七戦			10月 ○

こうしてみると、九六艦戦は制式戦闘機としては、世界で最初の全金属製片持式低翼単葉型機であった。同機は、折からはじまった日華事変において、ただちに第一線に投入され、欧米諸国の戦闘機からなる中国空軍をたちまちのうちに空から一掃した。

続いて昭和十五年には零式艦上戦闘機が誕生し、九六艦戦にとって代わった。

零戦は、本来三菱と中島の競争試作が予定されたが、中島は折から陸軍の隼の開発に取りかかった矢先であったためこれを辞退し、零戦は三菱一社の試作となった。これがきっかけとなり、以後戦闘機の開発は原則として、陸軍は中島および川崎、海軍は三菱に一社特命で発注されるようになった。

しかし、この原則はあくまでも平時のことで、やがて第二次大戦がはじまって、緒戦時こそわが国の軍備は充実し、補給も容易で善戦を続けたが、次第に物量と工業力に勝る連合国に押されるようになった。そうなると、近代戦の常として、空を守る戦闘機の需要性はいよいよ高まり、国内の重要航空機メーカーは全力をふるって、戦闘機の開発と生産に努めなければならなくなった。

中でも最前線にあって激しい消耗を続けていた零戦は、いくらあっても十分ということはなく、三菱だけでは生産が追いつかず、中島にも生産を命じられた。結局、零戦は総生産量約一万四〇〇余機のうち、六三パーセントを中島で生産している。

さらに、中島と戦闘機の関係は、戦闘機用エンジンにいたって、いっそう深いものがあった。陸海軍を問わず隼、零戦、さらに疾風、紫電改に至るまで、大戦中の主力戦闘機用エンジンは、ほとんど中島で生産していることになる。

なお、数値に関する詳細は、次の日本の戦闘機生産量の項で述べる。

中島と戦闘機の関わり合いは、一口にいうとおおよそ以上のとおりで、並々ならぬものがあったのである。

大戦中の日本の戦闘機生産量

複葉から単葉への移行

ここでいう大戦とは、本格的な近代的航空戦が行なわれたスペイン内乱、日華事変、ノモ

ポリカルポフＩ－15

ポリカルポフＩ－16

ンハン事件など、第二次大戦の前哨戦的国際紛争も含めた広い意味での大戦をいう。したがって、年度でいえばスペイン内乱の起こった昭和十一年（一九三六年）から昭和二十年の大戦終了までの約一〇年間を指す。

　この期間を選んだのには、単に大戦に参加した戦闘機というだけではなく、すでに述べたとおり、昭和十年代の初期は世界の戦闘機がいっせいに複葉型から単葉型に移った時期で、戦闘機の歴史における一つの革新期といえるからである。

　表3は、各国の切り替わりの時期を示す。

表３：複葉型から単葉型へ移行した各国戦闘機

		最終複葉型	昭和10	11	12	13	14	最初の低翼単葉型
ドイツ		ハインケルHe51		⊣⊢				ハインケルHe112 メッサーシュミットBf109
イギリス		グロスター・グラディエーター	⊣⊢					ホーカー・ハリケーン
日本	海軍	九五艦戦	⊣⊢					九六艦戦
	陸軍	九五戦			⊣⊢			九七戦
アメリカ		グラマンF3F					⊣⊢	グラマンF4F
ソ連		I―15	(	⊣⊢	)			I―16

——⊣⊢—— 新旧切り替わりの時期

アメリカは戦闘機の種類も多く、ここでは代表的戦闘機として、第二次大戦の初期から最後まで活躍したグラマン戦闘機を採りあげた。本機より早く単葉化した戦闘機もあったが、時期としては大差はない。

次に、ソ連は資料に乏しく細かい点は不明であるが、I‐16の原型機が最初の低翼単葉引込脚式戦闘機として昭和八年（一九三三年）の暮れに誕生している。しかし、制式戦闘機として採用されたのは、かなり遅れたようである。昭和十二年に航空戦が本格化したスペイン内乱に、複葉型のI‐15と共に参戦し、当時まだ実戦テストの段階にあったメッサーシュミットＢｆ１０９と対戦していることから判断して、第一線の戦闘機として登場した時期はメッサーシュミットと同じころと推定しても、大きな誤りではあるまい。

以上のような事実を考えると昭和十年代初期は、世界の戦闘機にとって一つの共通した新しい出発点を見出すことができる。さらに、このころ開発された戦闘機は、いずれも第二次大戦の緒戦を飾った戦闘機であった。

そう考えると、大戦中活躍した各国の戦闘機生産量の比較としては、昭和十年以降終戦までに生産された単葉戦闘機をもってすることは一つの妥当な方法だと思う。

メーカー・機種別生産量比較

この考えのもとに、表4を作ってみた。本表は、日華事変の始まった昭和十二年から終戦までの九年間に、わが国が生産した戦闘機数をメーカー別に一覧表にまとめたものである。本表の数値はすべて「日本航空機総集」(野沢正・岩田尚共著、日本航空宇宙工業会監修)から抜粋し、集計したものである。

この表はいろいろのことを物語ってくれる。まず目につくのは、足かけ一〇年にわたる大戦中、わが国で生産された戦闘機数は、陸海軍合計して約三万機であった。

表にはないが、その内容を調べてみると、日米開戦を境とした開戦前の生産量は、九六艦戦が約一〇〇〇、九七戦が約三〇〇〇、零戦が約五六〇、隼が四〇、鍾馗が十数機、合計約四六〇〇機で全体の約一五パーセントに過ぎない。残り八五パーセントは開戦後に生産されている。(注、海軍は零戦の性能向上計画とは別に昭和十六年、水上機の経験豊富な中島に水上戦闘機化を命じ、二式水戦として同年十二月から十八年九月の間に三二七機を生産している)

これを年平均の生産率で比較してみると、日米開戦前後の生産量の差がさらによくわかる。開戦前の期間が約五年、開戦後が約三年八ヵ月であるから、年平均生産量は開戦前が約九〇〇機、開戦後が約六八〇〇機となり、開戦によって生産量は約八倍近くも跳ね上がっている。

表4：メーカー別戦闘機生産台数（昭和12～20年）

機種	メーカー／エンジン	中島	三菱	川崎	川西	立川	軍工廠その他	計
九六艦戦	寿3，4		782				200	982
九七戦	ハ-12	2,007				*1,379		3,386
零戦	栄	6,545	3,880					10,425
隼	ハ-25 ハ-115	3,208				2,545		5,753
鍾馗	ハ-41 ハ-109	1,227						1,227
二式水戦		327						327
飛燕	ハ-40			3,159				3,159
疾風	ハ-45	3,449						3,449
雷電	火星		470					470
紫電	誉21 ハ-45				1,000			1,000
紫電改	誉21 ハ-45				400			400
合計台数		16,763	5,132	3,159	1,400	3,924	200	30,578
比率		54.8	16.8	10.3	4.6	12.8	0.7	100%

*満州飛行機製も含む

「戦争が始まるかも」というのと、「戦争が始まった」というのでは、こんなにも違うものかと驚かされる。

次に目につくのは、陸海軍を合わせた戦闘機の半数以上を中島一社で生産していることである。陸軍の戦闘機は、飛燕以外すべて中島が開発し生産したことが裏付けられている。しかも、三菱の開発した零戦について、中島がその生産の一端を担っていたことは知っていたが、その六〇パーセント以上を生産していたことは、中島に籍をおいたわれわれでさえ、戦後初めて知ったことである。

表を見て目につくことは、わが国の戦闘機のうち、生産量がもっとも多かったのは零戦の約一万四〇〇機、ついで隼の約五七五〇機で、零戦の約半分に過ぎない。

しかし、この比較の仕方は妥当ではない。なぜならば、陸軍は疾風の開発が間に合ったため、大戦後半では主力戦闘機を隼から疾風に切り替えている。したがって海軍の零戦に対応する陸軍の戦闘機数は、隼と疾風を合計した九二〇〇機で、これならば、ほぼ零戦の数に近いといえよう。ただし、開戦初頭の主力機は九七戦で、隼、鍾馗は数十機に過ぎなかった。

なお、陸海軍とも主力戦闘機以外にも戦闘機を生産した。陸軍は鍾馗と飛燕合わせて四四〇〇機ほど生産したし、海軍は零戦以外に雷電《らいでん》、紫電《しでん》、紫電改《しでんかい》、計一九〇〇機を生産している。

このほか、表には開戦前に造られ、日華事変やノモンハン事件に活躍した九六艦戦約一〇〇〇機と九七戦約三四〇〇機が含まれている。

以上、すべての戦闘機を合わせると、広い意味での大戦中の陸海軍の戦闘機の総数は、陸軍が一万七〇〇〇機、海軍が一万三三〇〇機となる。この双方を合計した大戦中のわが国の陸海軍戦闘機は、合計約三万機となる。陸軍の方が多いのは、日米開戦前に生産した九七戦が多数あったこと、また鍾馗、飛燕といった、隼、疾風を結ぶ中間的戦闘機が生産されたからでもある。

表5は、制式認定の時期で示したものである。

中島に集中したエンジン生産

次に、戦闘機の心臓ともいうべきエンジンの生産について同様の調査をしてみよう。それには、機体の場合と同様に発動機別、メーカー別の生産台数表を作ってみればよい。したがって表4をエンジン別、メーカー別の表に組み替えるとよくわかる。そうして作ったのが表6で、機体搭載エンジン数を示す。実際には、この台数以外に予備のエンジンが造られているが、その台数は不明で、これには含まれていない。

こうしてできた表6を見ると、戦闘機用エンジンの生産量も、機体以上に中島一社に集中している。その内容を見ると、昭和十二年に新型戦闘機として初めてデビューした九六艦戦以降、飛燕と雷電の二機種を除くすべての戦闘機が、中島製エンジンを使用している。

これらのエンジンのほとんどは、現在日本一交通量の多いJR中央線沿線の、都心からさほど遠くない地域に展開されていた武蔵野製作所で生産された。私たちが通称武蔵工場と呼んでいたこの工場は、日米開戦のわずか三年前の昭和十三年に建設されている。続いて開戦直前の昭和十六年、これに隣接する多摩製作所が完成し、前者は陸軍、後者は海軍用のエンジンの生産に当てられた。

その後、昭和十九年、政府の行政査察の結果二つの工場は統合されて武蔵製作所となった。エンジンは、陸海軍共用であったから生産業務合理化のため統合されたのである。これによって親工場が二つに分かれていると、下請工場の製品の取り合いがあったり、一方で余っている部品は他方では不足するというムダが解消された。

こうして武蔵製作所は、戦闘機用エンジンの九〇パーセント近い生産工場となっていた。

エンジン工場爆撃と戦闘機生産量の変化

近代戦では、航空機のエンジン工場さえ潰せば、何も発電所や製鉄所などを爆撃する必要はなく、たちまち軍用機の生産は停止、制空権の維持は困難となり、結果的には戦争は負けとなる。

アメリカは、まず航空機のエンジン工場をたたくに限ると考えたのであろう。それまで、B－29の基地が中国奥地の成都周辺にあったため、最初のうちは満州の鞍山や九州の八幡などの製鉄所を主目標に爆撃していたが、マリアナ諸島を占領基地化し、遂にわが本土全域をB－29の爆撃圏内に収め、昭和十九年十一月からいよいよ東京地区への爆撃を始めた。東京地区の爆撃目標はターゲット・ナンバーワンとして中島の武蔵製作所に決定した。同製作所の爆撃は、以後何回となく繰り返され、完全に破壊しつくされた。

それに先立って国内の工場疎開は始まっていたが、数多い下請工場も疎開騒ぎで本業の方は次第にままならなくなってきていた。また、疎開はしたものの、不十分な設備の生産現場

37　大戦中の日本の戦闘機生産量

表5：主力戦闘機シリーズ構成表

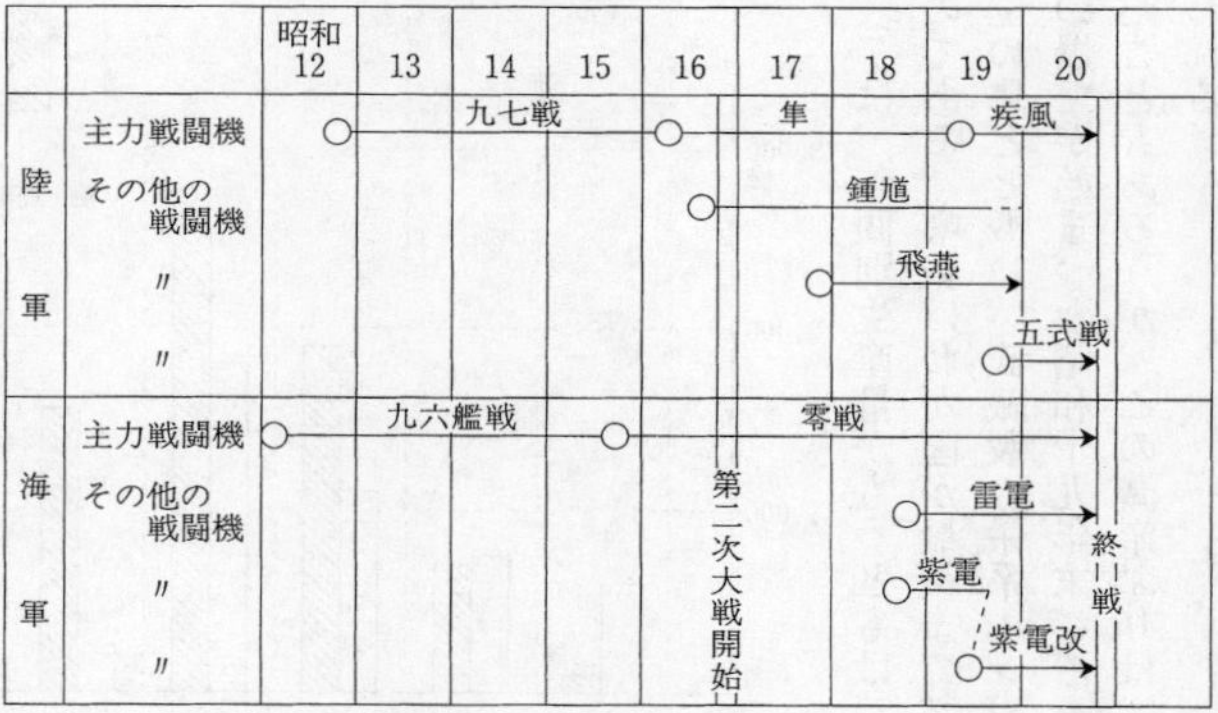

表6：戦闘機搭載エンジン生産台数（メーカー別）

エンジン	機種	メーカー		
		中島	三菱	川崎
寿系列	九六艦戦	982		
	九七戦	3,386		
栄系列	隼	5,753		
	零戦	10,425		
ハ-109	鍾馗	1,227		
ハ-40	飛燕			3,159
誉	疾風	3,449		
	（紫電 紫電改	1,400		
金星	雷電		470	
計		26,622	470	3,159
総計			30,251	
比率（%）		88.0	1.6	10.4

でのエンジン生産は、いったいどうなっていたのか、手持ちの部品で組み立てたとしても、その数には限りがあり、生産量が大きく低下したことは想像に難くない。

中島は、大宮と浜松にもエンジン工場を建設したが、これらの工場でどのくらいエンジンが生産されたか知らないが、わずかな台数であったであろうことは想像できよう。疎開が始まってからのエンジン生産量の低下は、機体生産を通じて機体関係の私にも間接的に推測できる。

表7：零戦製作台数

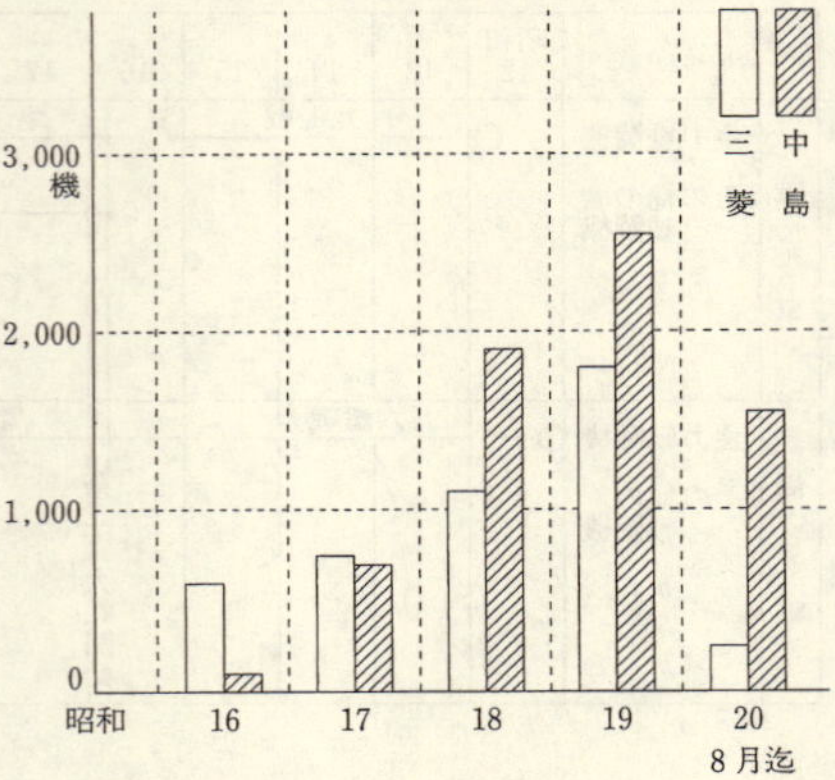

中　島	6,545機
三　菱	3,880機
合　計	10,425機

——「日本航空機総集」(出版共同社刊)のデータより作成

表7は、年間別生産量がもっともはっきりしている零戦について、生産量の推移を示したものである。零戦はわが国が最後まで必死になって造り続けた最多生産戦闘機で、生産量第二位の隼とともに、武蔵製の栄《さかえ》系エンジンを使用していた。表を見ると、零戦の生産はB-29の爆撃が始まった昭和十九年末ごろを境に激減している。昭和二十年は八月半ばまでであったこともあろうが、この減産ぶりは、そのままエンジン生産の減少を物語っているものと思われる。

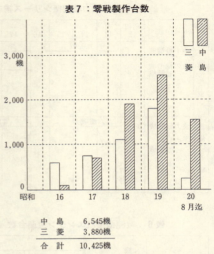

近代戦における勝敗は、制空権のいかんによって決まる。その制空権を左右する戦闘機用エンジンの生産を、首都の街中で集中的に行なっていたということは、いまにして思えば不見識な話で、おそらく日本は、まさかアメリカと戦争が起きる、ましてや日本本土が空襲を受けるなどとは考えてもみなかったのであろう。

大戦中の各国の戦闘機生産量

前節で、昭和十一年から終戦まで一〇年間のわが国の戦闘機生産量は、陸海軍合計して約三万機であることがわかったが、この機会に諸外国の同じ期間における戦闘機の生産量を比較してみたい。

手元の文献を参考にして推算した限りでは、正確とはいえないが、ドイツ、イギリス、アメリカの三ヵ国について、およその生産量を推定してみよう。

(1)ドイツ

前述の一〇年間に活躍したドイツの主要戦闘機はメッサーシュミットＢｆ１０９。といっても、性能向上のたびに型式名を改称したが、制式機として大量生産をしたのはＥ型、Ｆ型、Ｇ型の三機種で、わが国陸軍の主力戦闘機シリーズでいえば、九七戦、隼、疾風に対応する。

このほかドイツには、特色ある戦闘機フォッケウルフＦｗ１９０Ａ３型とＡ８型がある。

メッサーシュミットＢｆ１０９は、昭和十二年のＥ型に始まりＦ型、Ｇ型等を含め総生産

メッサーシュミット Bf109E 型

フォッケウルフ Fw190A－3型

量は三万三〇〇〇機に達し、一機種の生産量としては世界一を誇っている。ついでフォッケウルフFw190シリーズの生産量は一万三〇〇〇機といわれている。以上、二つの戦闘機を合計すると、大戦中の戦闘機生産量は総計約四万六〇〇〇機となる。世界一の空軍を目指した国だけあって、わが国と比較して約五〇パーセントも多い。その理由は、基本的には戦前における両国の工業力の差によるものであろう。

しかし、わが国と比較する場合、事実上はこの数字をそのまま比較することは公正ではない。なぜならば、独英戦は日米戦より二年あまり早く始まっているのである。

前節で述べたとおり、わが国では日米開戦によって、戦闘機の生産量は八倍にも達している。国によって事情は異なろうが、この傾向はどこの国でも同じと思われる。日独両国の戦闘機生産量の大きな相違は、主として独英開戦が日米の開戦より二年以上も早く、戦時生産もそれだけ早くスタートをきったことが影響していると思う。

もし、日米開戦から終戦までの同じ時期の生産量で比較したならば、大差なかったのではなかろうか。

それにしても、ドイツの工業力の底力には驚かされる。独英開戦から大戦終了までの六年あまりもの長い間、戦闘機生産を続けていたことになる。わが国だったらたとえB-29の爆撃がなかったとしても、資材の不足からそうは続けられなかっただろう。わが国が爆撃前の生産を続けていたら、日本のジュラルミンは昭和二十年九月で底をついていたという調査もある。

(2)イギリス

大戦中のイギリスの戦闘機は、主としてスーパーマリーン・スピットファイアとホーカー・ハリケーンの二機種であった。主力のスピットファイアは、メッサーシュミットＢｆ１０９にぴたりと張りついて、同じく昭和十二年(一九三七年)から生産に入っている。

わが国では、この年、九六艦戦が日華事変に参戦し、九七戦が生産に入り、隼と零戦の試作命令が出されている。

スピットファイアもメッサーシュミット同様エンジンの性能向上にともなって1型、2型、

5型、9型、14型と五型式のリレーによって大戦中のシリーズを構成している。各型を合計した生産量は約一万七〇〇〇機にのぼり、同時に生産のスタートを切ったメッサーシュミットBf109に比べると約半分で、わが国の零戦と隼を合計した機数に近い。

つぎに、ハリケーンの方は、スピットファイアにやや先んじて生産に入っているが、生産量は一万三〇〇〇機で終わっている。

以上、二機種を合計して、大戦中のイギリスの戦闘機生産量は合計約三万機となり、わが国とほぼ同じといえる。

しかし、ドイツについて述べたと同様に、イギリスはわが国より二年以上も早く戦時生産に入っていることを考慮する必要がある。

それを考えると、日米開戦から終戦までの生産量では、イギリスはわが国以下であったといえる。

しかしながら、イギリスにはアメリカがついていた。戦闘機の供与はもちろん、部隊ぐるみの支援も期待でき、実際にアメリカから、ソ連とともに相当量の戦闘機の供与を受けている。したがって、イギリスとしては戦闘機の生産に全力投球をする必要はなかったともいえる。

イギリスは、生産の点ではドイツや日本のような敏捷さはないが、新しい工業製品の開発には優れた能力をもっていた。第一次大戦では、いわゆるタンクと称した「戦車」を開発している。

また今次大戦では、レーダーを初めて実用化したのがイギリスであった。日米開戦に半年あまり先立って、ドイツの新鋭戦艦ビスマルクが北大西洋に出動したとき、英艦隊はほとんど総力をあげてこれを追い回した。その際、英巡洋艦の何隻かはすでにレーダーを使っていた。

ホーカー・ハリケーンI型

スーパーマリーン・スピットファイアI型

イギリス人の中にはドイツの空襲からイギリスを守ってくれたのはレーダーであり、レーダーをスピットファイア以上に評価している人さえいる。また戦後、大型ジェット旅客機を開発し、現在の空の交通の基礎を築いたのもイギリスである。

しかし、こと生産となるとなぜか出足が遅く、アメリカに先を越されている。そのため、アメリカの試作工場などとさえいわれている。

(3)アメリカ

連合軍の兵器工場をもって任じていたアメリカは、その持てる力をフルに活かして多種多様の戦闘機を生産している。手元の文献で調べたかぎりでは、その生産量はおよそ次のようになっている。

まず、生産量のもっとも多いのが、グラマン戦闘機シリーズのF4Fワイルドキャット、F6Fヘルキャットの合計約二万機、ノースアメリカンP-51ムスタングが各型合計して約一万五〇〇〇機、リパブリックP-47サンダーボルトが約一万五〇〇〇機、カーチスP-40ホーク・シリーズが約一万二〇〇〇機、ベルP-39エアラコブラが約八六〇〇機、以上を合計すると七万六〇〇〇機となる。

このほかに、ヴォートF4Uコルセアや、双発のP-38ライトニングなどをくわえると、総合計は優に一〇万機は超えている。

このような大きな数字を聞かされても、いまさら驚く気にはならないが、日、独、英に比べて二倍から三倍くらいの生産力を発揮したうえ、なお余力を残しており、この国の国力には底知れないものがある。このほかに、戦闘機の生産国としてソ連があるが、この国のことは情報に乏しく、不明確な点が多いので、ここでは取りあげないことにする。

しかしながら、ソ連は広大な領土と膨大な人口に加えて、未知の資源をもつ大国である。しかも臆病なまでに用心深い国なので、東西から日本とドイツに挟まれて、軍備には抜かりは無かったはずである。ノモンハン事件で、落としても落としても、ますます数を増やして押し寄せてきたI-16のことを思えば、その戦闘機生産力は相当なものであったと推測できる。ドイツにはおよばなかったとしても、日本やイギリス以下ということはないであろう。

ベルP-39エアラコブラ

カーチスP-40ウォーホーク

＊

以上のように列強の戦闘機生産量について概算しながら推計してみたが、最後に、全体を大きく米英ソ連合軍と日独伊同盟軍の二つに分けてその合計生産量を比較してみよう。

まず、連合軍側はアメリカの一〇万機、イギリスの三万機、それにソ連を仮に三万機と仮定すると、全部の合計は一六万機となる。これに対し、同盟軍側はドイツの四万六〇〇〇機と日本の三万機を加えて約七万六〇〇〇機となり、連合軍側の約半分に過ぎない。

戦闘機数が、そのまま制空権に反映するとは限らないが、これだけ大きな開きがあっては、制空権を守り切ることはむずかしい。日本もドイツも、最終的には戦闘機の不足から制空権を確保できなくなり、近代戦の定石どおり連合軍側爆撃機の跳梁下に破れ去ることになった。

第二章　戦闘機と制空権

戦闘機を語るに制空権の問題抜きで話をするわけにはいかない。そうはいっても、軍事に素人の私がいまさら制空権について理論的説明ができるわけではなく、またその必要もあるまい。

B‐29の爆撃を経験した人ならば、制空権を失うことが何を意味するか身をもって知らされているが、戦後半世紀を経た今日では、B‐29の空襲を知らない人の方が多くなった。この機会に大戦中に行なわれた主要な戦闘をいくつか思い返して、制空権のなんたるかを読者に判断していただくのも、無駄ではないと思うので、陸海の戦闘における制空権の意味を実例によって考えてみよう。

日華事変と制空権

直掩戦闘機なしの爆撃機の悲劇

制空権とは何か、理屈ではわかっていても、実戦によって確かめられたのは、第一次大戦以降おそらく日華事変が史上最初であったと思う。

そもそも、空軍の究極の目的は戦闘機同士の空中戦にあるのではなく、爆撃機によって相手国内の重要な軍事、生産施設や交通機関などを破壊し、その戦争継続能力の根源を断つことにある。そのためには、まず戦闘機によって相手領土上の制空権を奪うことが先決で、それにより初めて爆撃機を送り込むことができる。

いまにして思えば、こうした近代戦における定石のようなことも、わが国では日華事変の起こるまでには、まだ実戦で確かめた例はなかった。

そのころ、折よく海軍の次期戦闘機九六艦戦の生産が進んでいた。同機は脚こそ固定式であったが、片持式低翼単葉型機で、メッサーシュミットBf109より半年あまり早く生まれている。低翼単葉型機としては、世界で最初に主力戦闘機として採用されたものである。

最高速度四三五km/hは、昭和十年（一九三五年）当時としては世界一流の戦闘機で、単葉型ながらも日本の操縦者好みの運動性に勝れていた。日華事変初期から参戦し、米、英、ソ、仏等の欧米諸国製の戦闘機を配備した中国空軍を、たちまちのうちに一掃して制空権を奪取し、爆撃隊の進攻を可能にした。

ここまでは上々であったが、広大な中国大陸である。九六艦戦の航続力でカバーできる範囲は限られていた。

中国空軍が次第に基地を奥地に移すにつれ、九六艦戦の航続力では爆撃機の掩護がしきれなくなった。その結果、血気にはやった爆撃隊が掩護戦闘機なしで中国の制空権内に飛び込

三菱九六式艦上戦闘機

三菱零式艦上戦闘機II型

んで行った。いかに精鋭をすぐった爆撃隊といえども、戦闘機の掩護なしでは中国戦闘機の餌食になるばかりであった。

結局、爆撃機は戦闘機の敵でないことを痛感させられ、戦闘機の任務は戦闘機同士の空戦を演じるだけでなく、爆撃隊に随伴してこれを守ることであることを悟った。

こうして、爆撃隊を掩護できる航続力の長い戦闘機の要望が高まり、これに応えて開発されたのが零戦であった。

零戦の登場

個々の戦闘機について、細かい数字を並べて説明することは本書の目的ではないので、零戦の開発に至った経緯について一言触れておくだけにとどめる。

零戦の開発に当たって、二つの相反する意見があって激しい対立があった。一つは、戦闘機同士の空戦に勝ることを第一条件とする案であり、もう一つはその反対の、前線部隊の意見により爆撃隊掩護のため空戦性能をある程度犠牲にしても、航続距離を大きくすることであった。その結果、前線部隊の意見が通って、航続距離を延ばす案が採用され、最大航続力は三〇〇〇キロを超えるものとなった。

こうして開発された零戦は、日華事変が三年目を迎えた昭和十五年八月、初めてその勇姿を華中戦線に現わし、以来、わが爆撃隊の活動圏は重慶、成都などの奥地にまでおよんだ。しかも、爆撃機は常に零戦によって掩護され、いままでのように中国空軍による撃墜は一機も無くなった。

その後、零戦はその長大な航続力を活かし、中国大陸よりさらに広大な太平洋戦域においても、作戦上なくてはならぬ存在となるのである。

英本土航空戦と制空権

バトル・オブ・ブリテン
陸上における制空権の重要性を顕著に証明したもう一つの例として、独英間で行なわれた英本土航空戦（バトル・オブ・ブリテン）について述べてみる。
ドイツは、昭和十五年（一九四〇年）五月の開戦以来、わずか九ヵ月で連合軍を大陸から追い落とし、遂に西ヨーロッパを制圧し、残るは英本土だけとなった。狭いとはいえ海峡を隔てたイギリスを攻める道は、空から行くしかないことをよく承知していた。

昭和十六年五月二十四日、アイスランド沖で、ドイツ戦艦ビスマルクと英戦艦プリンス・オブ・ウェールズおよび巡洋戦艦フッドの間で行なわれ、フッドが撃沈されてウェールズが損傷を受けた海戦が、おそらく史上最後の戦艦の対決であり、以後機動部隊（空母部隊）の活躍とレーダー網の敷設で、戦艦の有効射程内に艦隊同士が近接して主砲による砲戦を交じえる戦闘に終止符をうち、海戦は機動部隊中心に展開するようになった。

こうした理由で、ドイツは世界一の空軍建設に力を入れた。したがって、イギリスに対する航空戦では絶対の自信を持っていた。連合軍を大陸から一掃すると、約一ヵ月の間に英国を睨む大陸沿岸各地の飛行場を整備し、各地に分散していた戦闘機および爆撃機約二〇〇〇機を集結させた。

これに対して、イギリスもまたロンドンを囲む数十の航空基地に、スピットファイアおよびハリケーン戦闘機約一〇〇〇機を結集し、さらに大陸を望む海岸線にレーダー基地を設けて、ドイツ軍を迎え撃つ態勢を整えた。

制空権が決した大戦の帰趨

こうして、日米開戦に約一年四ヵ月先立つ昭和十五年七月、大戦史上有名な英本土航空戦は始まり、定石どおり戦闘機による制空権の争奪戦となった。

しかし、ここではこの空戦の詳細を語ることが目的ではない。結論だけいえば、この空戦は翌年の五月まで一〇ヵ月もの長期にわたって休みなく続けられたが、イギリスは最後まで制空権を守り通し、ドイツが独ソ開戦によって爆撃を中断するまで、ドイツ爆撃隊に効果的な活動のチャンスをあたえなかった。数週間でイギリスの空を制する予定でとりかかったドイツにとって、このことは最大の誤算であり、単にドイツのヨーロッパ制覇の夢を空しくさせたばかりか、遂には自国滅亡への第一歩となってしまった。

それから約半年後、日米戦が勃発し、アメリカは正式に日、独、伊三国に宣戦を布告した。こうして、アメリカを加えた連合軍のヨーロッパ巻き返し作戦が始まり、イギリス本土は連合軍にとってもっとも重要な拠点となった。もし、イギリスがドイツに制空権を奪われていたら結果はどうなっていたか。アメリカは反攻拠点を確保できず、強いて求めればアフリカしかなく、第二次大戦の行方はどうなっていたかわからなかったろう。

以上、日華事変と独英戦の二つのケースの地上作戦における制空権の重要性を、およそ理解することができたと思う。

次に海戦の場合、制空権はいかなる意味をもつか、実例によって考えてみる。とはいっても、あくまで戦争には素人の判断であると理解されたい。

真珠湾奇襲作戦と制空権

史上初の機動部隊作戦

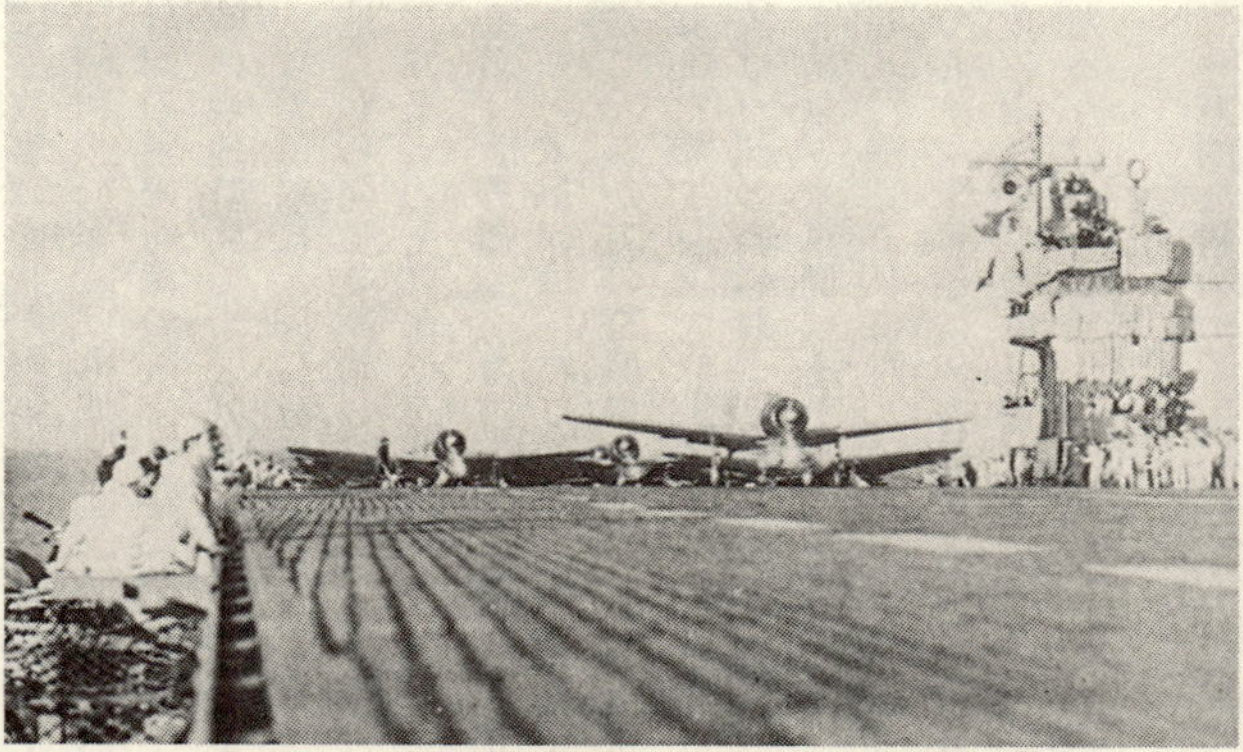

真珠湾の攻撃時、空母赤城の飛行甲板を飛び立つ第二次攻撃隊の零戦21型

真珠湾奇襲作戦といっても、いまの若い人たちは、名称を知っている程度で、私でさえ数値上のことは忘れてしまっているのだが、改めて回顧することも無駄ではないだろう。そのうえで、制空権との関わり合いを考えてみる。数値その他の戦闘の概要は、児島襄氏著「太平洋戦争」(中公新書)を参考にした。

この作戦は、当時の世界常識を超越した大作戦であり、わが海軍史上初めて機動部隊と称する航空母艦を主力とする艦隊を編成し、長駆六〇〇〇キロ、米太平洋艦隊の根拠地ハワイを急襲するものであった。艦隊構成の主要艦艇は、空母六、戦艦二、重巡二、軽巡一、駆逐艦九、潜水艦三からなっていた。

参加航空機は、水平爆撃機一〇三機、急降下爆撃機一二九機、雷撃機四〇機、戦闘機七八機、計三五〇機であった。

全体の七八パーセントが攻撃機で、掩護戦闘機は二二パーセントに過ぎず、機動部隊とはあくまでも攻撃に徹した戦術単位であることがわかる。

昭和十六年（一九四一年）十一月二十六日、機動部隊は択捉《えとろふ》島単冠《ひとかつぷ》湾を出港し、以来一二日間の隠密航海の後、米側に発見されることなく、ハワイ諸島の攻撃圏内到達に成功した。時に現地時間で十二月七日の早朝（日本時間十二月八日未明）であった。

攻撃は前後二回に分けて行なわれた。第一次攻撃隊は午前六時、オアフ島北方三七〇キロ地点から発艦を開始し、第二次攻撃隊はそれから一時間一五分遅れた午前七時十五分、同島北方三二〇キロ地点から発艦を開始している。攻撃隊の編成は戦闘隊、雷撃隊、水平および急降下爆撃隊からなり、第一次一八三機、第二次一六七機であった。

一方米軍側は、ハワイ諸島に分散する六つの航空基地に、五〇〇余機を集結していた。しかし、わが方の奇襲は完全に成功し、米航空部隊に立ちあがりの余裕をあたえず、これに壊滅的打撃を加えた。したがって、航空部隊は事実上不在に等しく、その意味では米軍側の抵抗は一部の艦砲および地上砲火だけで、制空権はゼロに近い状態であった。

結果、米軍側にあたえた損害は、戦艦八隻を含む艦艇の撃沈破一八隻、航空機の地上撃破四八〇機。これに対し、わが方の損害は主として地上砲火による航空機の喪失二九機となっており、米軍側は一方的に大損害を受けている。わずか二時間の間に、碇泊中とはいえ航空攻撃だけで、戦艦五隻が撃沈され三隻が大破されるとは、だれも想像することはできなかったろう。

一方的な勝利

航空機で戦艦を撃沈することができるならば、大砲よりもリーチの長い空母の方が有利に決まっている。

昭和十六年(一九四〇年)十一月十一日、英空母から発進した二〇機のソードフィッシュ雷撃機がイタリア北部タラント港に碇泊中のイタリア戦艦三隻ほかに大損害をあたえた先例はあるが、これほど大規模な空襲により、前記のような大戦果をあげて、世界最大、最強を誇った米太平洋艦隊に壊滅的打撃をあたえたことは、戦史に前例のない壮挙であった。以後、艦隊同士の戦闘はすべて戦艦に代わって空母を主体とする機動部隊によるものとなった。

話は変わるが、アメリカは日本の真珠湾攻撃を「だまし討ち」というが、当時の日米関係はいつ開戦になってもおかしくないほど緊迫した状態にあった。こんな時期に長駆六〇〇〇キロを航行して接近する日本の大艦隊にまったく気がつかなかったことは、どう考えてもおかしい。アメリカとしては、このような大作戦が実行されるとは考えてもみなかったというのが本音ではなかろうか。たとえ、日本の攻撃があと一時間遅れたとしても、結果的には大差なかったと思う。

この戦闘の訓えるところは、一方の制空権がほとんどゼロの場合、戦闘は一方的な勝利になるというもっとも極端な例で、こうなるともはや制空権を論じる以前の問題といえよう。

マレー沖海戦と制空権

「軍艦」対「航空機」の決戦

マレー沖海戦の場合は、制空権はどう関わっていたろう。ハワイ攻撃は米軍の航空部隊にほとんど立ち上がる余裕をあたえなかった点で、純粋に航空機と軍艦の戦闘であった。ただし、相手は港内に碇泊中であった点、いわば寝込みを襲ったものである。

これに対して、マレー沖海戦は実戦装備に身を固め、高速で索敵中の艦隊と航空部隊との衝突で、これこそ純粋に航空機と軍艦の四つに組んだ戦闘であった。

この海戦は真珠湾攻撃の二日後、昭和十六年十二月十日に行なわれている。当時、イギリスはシンガポールを拠点とする東洋艦隊を配して、日本の南進に備えていた。同艦隊は、イギリスが誇る新鋭戦艦プリンス・オブ・ウェールズを旗艦とする巡洋戦艦レパルス、巡洋艦四隻、駆逐艦四隻からなっていた。これに対して、わが海軍は日米開戦となった場合、陸軍のマレー作戦遂行上ただちに英東洋艦隊を撃滅することを目的としていた。

十二月八日、真珠湾攻撃に先立つ一時間二〇分前、陸軍はマレー半島コタバルに上陸作戦を開始し、同日夜には同地区の占領に成功した。この情報を得た英東洋艦隊は、日本軍の南下を阻止するため、同日、夕陽を浴びてシンガポールを出港した。

この際、空軍に艦隊の掩護を要請したが、空軍はそれに応じることができなかった。その理由は、米国製戦闘機バッファローを主力とする約二五〇機からなる英極東空軍は、開戦第一日でわが陸軍航空部隊によって壊滅的打撃をこうむっていたためであった。

やむなく英艦隊は、あえて丸腰のまま出港せざるを得なかった。そして半島の南東海域を足かけ三日にわたって哨戒後、ひとまずシンガポールへの帰港を急いだ。その途中、日本の潜水艦と索敵機に発見されたのが、十二月十日朝のことであった。それから約一時間後には、早くもわが海軍航空部隊による攻撃が始まっている。

当時、わが海軍の最南端の航空基地はサイゴン（現ホーチミン市）周辺にあって、英艦隊発見の現場からは約六〇〇キロも離れていた。英艦隊が丸腰のまま出撃してきたのも、この距離の障壁を計算に入れ、日本の攻撃隊がここまで足を延ばすとは思わなかったからであろう。発見一時間後に攻撃が始まったということは、索敵中の攻撃隊が英艦隊発見の無電をキャッチして、その場から駆けつけたからである。

三菱九六式陸上攻撃機

英戦艦プリンス・オブ・ウェールズ

当時、サイゴン周辺の三つの基地に配備されていた海軍の九六式陸上攻撃機と一式陸上攻撃機は、いずれも最大四〇〇〇キロ程度の航続距離をもっていたので、十分可能なことであった。

攻撃は午前十一時過ぎから午後三時過ぎの四時間にわたって五回続行された。攻撃機数は延べ七五機、相手が丸腰であったため戦闘機は参加していない。

これに対し、英艦隊は毎分六〇〇〇発を発射するポンポン機関砲をはじめ、あらゆる対空火器を動員して弾幕を張り巡らし防戦に努めたが、ついにイギリスの誇る不沈艦といわれた戦艦プリンス・オブ・ウェールズとレパルスは、ともに五本の魚雷と一発の爆弾を浴びて撃沈された。わが方の損害は航空機三機にとどまった。以上がマレー沖海戦の概要である。

海戦を支配した制空権

この戦闘も、いうなれば真珠湾の場合と同様、直衛戦闘機をともなわない艦隊と航空部隊の戦闘である点では同じである。しかし、同じ艦隊とはいえ、真珠湾の場合は港内に密集して碇泊中の艦隊で、いわば眠れる獅子のようなものであった。これに対し、マレー沖海戦は、完全武装した索敵行動中の戦艦で、餌物を物色中の獅子のようなものであった。

航空機によって戦艦を撃沈し得ることは、理屈上わかっていても実戦によって確かめられていたわけではなく、当時は軍艦の対空兵装も著しく増強改善されており、そこに一抹の疑問は残されてはいた。英東洋艦隊が、航空部隊の掩護なしにあえて出撃してきたのも、そんな事情からだと思う。いざというときには、新鋭の対空兵装に物をいわせて、自力で凌いでみせるという自信もあったのだろう。しかし、結果は前述のとおり、この疑問に明快な答えを与えてくれている。

この海戦によって、掩護戦闘機無しでは、いかに完全武装を施し高速をもって行動中の戦艦といえども、空からの攻撃には抗しがたいということが実証された。以後、艦隊の主戦力は完全に戦艦から空母に移り、艦隊の編成はすべて空母を中心とする機動部隊に変わり、戦闘機による制空権下に活動することが必須の条件となった。

ビルマ、マグエの航空撃滅戦

英米残存航空基地捜索

ビルマ航空作戦は、進行中のマレー作戦の側背脅威となる在ビルマ英空軍の活動を封止するため、陸軍第三飛行集団の戦爆連合により、昭和十六年十二月二十三、二十五日の両日にわたる首都ラングーン空襲により火蓋が切られた。

年が改まると、一月中旬、比島作戦中の第五飛行集団がタイ基地に進出、地上軍のビルマ進行作戦と連携して、ビルマ南部、中部基地の英米空軍の撃滅戦を開始した。

地上軍は、航空部隊の強力な支援を得て快進撃を続け、三月八日、ラングーンを占領し、進攻作戦は第二段階に入ることとなった。

この時点で、英米空軍はインド東部、雲南地区に避退し、第五飛行集団はラングーン周辺基地に進出し次期作戦に備えていたが、時おり来襲する英米空軍の動向から、ビルマ領内に残存基地があるとみて捜索を続けていた。

三月中旬、エナンジョン油田地帯を偵察中の司令部偵察機が、同地南方約三〇キロのマグエ周辺に二つの飛行場があり、飛行機の存在も認められたと報告してきた。

司令部は、この両基地を覆滅《ふくめつ》すべく隠密裡に作戦を練り、決行日を二十一、二十二日とし、企図秘匿のためアキャブ、雲南方面の攻撃を反復する陽動作戦を展開した。

ビルマ戡定に寄与した大空襲

二十一日早朝、マグエ基地からブレンハイム軽爆一〇機とハリケーンおよびカーチスP-40二二機が、ミンガラドン、レグーのわが方基地に来襲、九七戦と九九双軽爆十数機に損傷をあたえた。

わが方は、出撃前の奇襲に怯《ひる》まず、これを迎撃する態勢と見せかけて、戦闘機五個戦隊、襲撃・軽爆三個戦隊、重爆二個戦隊、司偵三個中隊を各基地から発進させ、マグエの南・北飛行場に大空襲を敢行した。

この日の同地は、雲量一〇、時おりスコールがあるという空模様であったが、爆撃隊は困難な状況を克服して両飛行場を火網に包み、地上機、施設を徹底的に爆破炎上させ、戦闘隊はスクランブル発進する戦闘機を捕捉撃墜するなど、攻撃は大成功を収めた。

明くる二十二日も反復して大攻撃を加え、両日の戦果は撃墜・撃破一二〇機以上、基地機能を再起不能に陥れ、在ビルマ残存英米空軍は壊滅的打撃を蒙り、ビルマ中・南部の制空権はわが方に帰し、ビルマ全土の戡定《かんてい》作戦は加速的に推移することとなった。

このように、的確な情報把握、周到な準備と企図秘匿、優勢な戦闘隊に掩護された航空作戦は、自軍の損害を最小限に抑え、最大の戦果をもたらす快挙となったが、緒戦時の旺盛な戦意、搭乗員の円熟度、整備等の支援態勢の充実などがあったことも、この成功に大いに寄与したといえよう。

このマグエの大空襲参加機は、重爆二五機、軽爆二七機、戦闘機七三機等、一五〇余機にのぼり、陸軍の航空作戦としては稀にみる大規模なもので、英米空軍撃滅に賭けた第五飛行集団の意気込みが感じられる。

珊瑚海海戦と制空権

機動部隊の激突

ほぼ同等の力を備えた二つの機動部隊が衝突した場合、結果はどうなるのか、それを訓えてくれたのが珊瑚海海戦で、真珠湾攻撃のほぼ六ヵ月後に起こっている。

日本は、米英と戦争を始めたものの、長期戦になれば勝ち目のないことはわかっていた。戦争を早く終結させるためには、オーストラリアを孤立させ、これを取り込んで前衛の拠点とすることが必要と考えた。それには、進攻の足場としてニューギニアのポートモレスビーを制することが先決条件であった。珊瑚海海戦は、この作戦に連繋して起こった海戦で、史上最初の機動部隊同士の決戦であった。

わが軍は、ポートモレスビー攻略部隊掩護のため機動部隊を出動させた。米軍は、わが暗号電報を傍受解読して、これを阻止するために同じく機動部隊を出撃させた。

　昭和十七年（一九四二年）五月八日、両機動部隊は珊瑚海で激突した。いずれも大型空母二隻を中心に編成されており、米機動部隊は当時世界最大の空母レキシントン（三万三〇〇〇トン）とヨークタウン、これに対しわが方は、いずれも二万六六〇〇トンの瑞鶴《ずいかく》、翔鶴《しょうかく》であった。

　搭載機数は、記録によってまちまちではあるが、空母の大きさからいって、当日の機数は米軍の方が二〇パーセントほど多かったと推察される。

　珊瑚海は、オーストラリア大陸の東北部に接し、北はニューギニア、ソロモン諸島、南はニューカレドニア島に囲まれた日本海の三倍ほどの面積をもつ海域である。戦争中、われわれの耳になじみになっていたラバウル、ラエ、ポートモレスビー、ブーゲンビル、ガダルカナル等は、いずれもこの海域に面しており、日米攻防が繰り返された太平洋戦争の激戦地域であった。

前哨戦

海戦に先立つ五月六日、わが機動部隊はソロモン諸島を東方から遠く迂回して、その南側を通って珊瑚海に侵入した。同じころ、米機動部隊もまた日本艦隊の南方五〇〇キロの海域で二隻の空母が合流し、日本艦隊と打ち合わせをしていたかのように同海域に突入したが、その日はいずれも相手空母を発見するまでにはいたらなかった。

　なお、わが方は機動部隊とは別に、ポートモレスビー攻略の輸送船団護衛のため、改造小型空母祥鳳《しょうほう》をともなうもう一つの艦隊を送り込んでいた。

翌七日、両軍とも未明から索敵機を繰り出し、ほとんど同時に相手空母を発見し、そしてまたほとんど同時に攻撃隊を発進させた。しかし、わが攻撃隊が発見したのは米油槽船と護衛の駆逐艦各一隻で、ただちにこの二隻を撃沈した。一方、米軍の方もまた執拗に索敵を繰り返し、機動部隊とは別の上陸部隊の輸送船団と護衛の祥鳳を発見、集中攻撃をかけてこれを撃沈したが、わが機動部隊に対する攻撃はなかった。

わが攻撃隊は、いったんは帰投したが、祥鳳の撃沈の報に米空母が近くにいることを知り、改めて態勢を整えて再度攻撃に向かった。すでに夕闇が迫っていたので熟練操縦者のみの三〇機程度の出撃であったが、悪天候のため米空母を発見するにいたらなかった。

これに対し、米側はレーダーによって日本機の接近を察知し、戦闘機を出撃させてきた。このため、わが方は鈍重な雷撃機一〇機が損害をこうむった。

不運はさらに続いた。帰艦途次、暗夜の海上で味方の空母と間違えて、米空母に着艦しようとして砲火を浴びる始末。そのうえ、むずかしい暗夜の着艦に失敗して、海上に着水したもの少なからず、帰還できたのは一〇機程度に過ぎず、この結果、わが方の手持ち機数は、おそらく一〇〇機を割ったと推定される。

こうして、七日は小競り合いのうちに終わって、主力部隊同士が接触するにいたらず、日没ごろたがいに相手空母が近くにいると知りつつ、翌日の決戦を期して南北に離れていった。

三〇〇キロを隔てての大海戦

明くれば八日、両軍とも未明から索敵機を繰り出し、八時半近く、ほとんど同時に相手の空母を発見した。さらに、それから約三〇分後の九時をまわるころ、両軍同時に攻撃隊を発進させている。

両艦隊の距離は約三〇〇キロ。この点が機動部隊による海戦と従来の空母がない時代の海戦と本質的に異なるところで、戦艦の主砲が役に立つ距離ではない。こうして両軍の立ち上がりは五分五分であった。なお、両軍の航空機数はこの時点において、米軍の方がかなり勝っていた。

午前十時半を少し回るころ、まずヨークタウンの攻撃隊が日本艦隊を発見した。日本の二隻の空母はたがいに一〇キロほど離れて航行中で、米軍機の来襲に瑞鶴の方は折からのスコールに突入して攻撃をかわすことができたが、翔鶴の方は米攻撃隊の集中攻撃を受けて飛行甲板を大破、発着艦が不可能となって戦闘力を失い、やむなく戦線を離脱、退避せざるを得なかった。

同じころ、米空母もまた日本軍の攻撃に曝《さら》されていた。午前十一時を少しまわったころ、わが攻撃隊によるレキシントン攻撃が始まり、数分後には早くも最初の魚雷が命中した。引き続き日本雷撃隊の四方からの集中攻撃を受け、続いて第二弾、第三弾と命中弾を浴びて、そのたびに損傷を拡大していった。

レキシントンから八キロほど離れていたヨークタウンもまた攻撃を受けており、一弾が飛行甲板をぶち抜いたものの、まだ戦闘力を残したまま南方に戦列を離脱していった。

航空部隊の攻撃時間は短い。魚雷や爆弾を投下してしまえば、それで終わりである。わが

史上初の機動部隊同士の決戦となった珊瑚海海戦で被弾するレキシントン

攻撃隊のレキシントン攻撃は、わずか二〇分足らずで終わっている。

この短い時間に、二隻の空母を狙って投下した爆弾と魚雷数は、攻撃隊の飛行機数からいって、おそらく一〇〇発近いものがあったろう。それが空母を中心に限られた海域内に短時間に投下されたのである。周辺の海域は、立ちあがる水柱、命中弾が引き起こす爆発音や立ちのぼる火煙、いっせいに咆え立てる対空砲火の轟音、火だるまになって海中に突っ込む被弾機などによって、紺碧の南太平洋は一瞬のうちに火煙と轟音の渦巻く地獄の海と化したことであろう。

また、同じころ、三〇〇キロ離れたもう一つの海域で、日本の空母を取り囲んで同じような光景が現出されていたわけである。

こうして激しい戦闘は終わり、世界最大の空母レキシントンは数本の魚雷と爆弾を受け、艦内各所に火災を起こして浸水が始まっていたが、着艦はまだ可能であった。必死の消火、排水作業が続けられたが、火災はつぎつぎと爆発を誘い、止まるところを知らず、ついに六時間後には艦を放棄せざるを得なくなり、さらに二時間後には味方の魚雷によって撃沈されている。一方ヨークタウンは、被弾したものの中破程度ですみ、戦力を残したまま南方に退避していった。わが方は、翔鶴が飛行甲板を大破して発着艦が不可能となり、北方に避退した。瑞鶴の方は攻撃を避けることができ無傷で残った。ここまでは、戦闘はわが方が幾分有利だったようにみえるが、航空機、特に貴重な搭乗員の損失が多かった。なぜならば、翔鶴が着艦不能となったうえ瑞鶴の収容力には限度があり、着水を余儀なくされた機が少なくなかった。さらに、わが方は前日、祥鳳を撃沈されていることも考え合わせれば、勝敗は五分五分であったといえよう。

機動部隊の宿命

最後に、この海戦の場合の制空権について考えてみたい。

珊瑚海海戦は、機動部隊の本質を実戦を通じて訓えてくれたものだと思う。ここで機動部隊に対する私なりの解釈を述べてみると、この海戦からまず感じられることは、空母とは身を守る点では脆弱だが、攻撃では強力な戦闘単位であるということである。

したがって、生き残る道は相手を倒す以外になく、先に相手を沈黙させた方が勝ちとなる。それには、まず少しでも早く相手を発見し、ただちに全力を挙げて攻撃に移らねばならず、攻撃隊を発進させたのちは、少数の予備機を残すだけで、自己の上空はほとんど無防備に近い。

殻を脱いだヤドカリに等しく、たがいに自己上空の制空権は、はじめから捨ててかかっている。仮に相手の空母を先に沈黙させたとしても、相手の攻撃隊もすでに発進して攻撃してくるから、いずれはみずからもまた裸身を攻撃に曝すことになる。

そうなれば、空母はもはやハイエナの群れに襲われたキリンのように、いずれは倒される運命にある。それが機動部隊同士の戦闘の宿命的な法則といえるのではなかろうか。相手を倒して、なおみずから生き残る道は、奇襲を成功させる以外にはないといえよう。

ひるがえって自然界を眺めると、これとは反対に攻撃力はなくとも、身を守る絶妙な手段を備えた動物や昆虫たちが数多く繁栄している。自然界の発展のあり方にくらべると、人類の発展の仕方はまったく逆である。

相手を倒すことによってのみ、自分の生きる道を見いだそうとする実態は、守りを捨てて攻撃に徹する空母が、そのよい例である。さらに、それは核兵器に行き着いて極限にたっし、相手を倒したその同じ力で、みずからも倒れる運命にある。そこには、もはや勝敗もなく、人類の滅亡が残るのみである。

少々話が横道にそれたようだ。閑話休題――。

ミッドウェー海戦と制空権

日米の明暗を分けた大海戦

制空権を理解するためのもう一つの例として、二つの大機動部隊が激突して明暗を分けた顕著な例であるミッドウェー海戦について考えてみよう。

珊瑚海海戦の例によって、機動部隊とはいかなるものか、ほぼ理解できたと思うが、ほぼ同じ規模の二つの機動部隊が、同じような経過をたどって同時に相手を発見し、同時に攻撃隊を発進させ、まったく対等の戦いを演じたのがこの珊瑚海海戦であった。この場合は、定石どおり、ともに戦力を失うまで傷つき、勝負なしの引き分けに終わっている。

これに対してミッドウェー海戦は、一方が大きく先手を取った場合、戦闘はどんな結末に終わるかを示した典型的な例である。

過ぎ去った敗戦の跡を振り返ることは、だれしも気の進まないことではあるが、真相を正しく理解することこそ、この海戦で南海の果てに散った三五〇〇の英霊を弔う最良の道であろう。ここで戦いの経過を順を追って振り返ってみる。参考にした戦記は、多数出版されている中から児島襄氏著「太平洋戦争」(中公新書) を選んだ。同書を読んでいただけばすむことではあるが、ここではわが軍が敗北した原因を解明することに焦点を絞り、この日一日中、両軍の間で繰り返された一つ一つの動きを追って、その間の因果関係をたどってみることにする。

ミッドウェー海戦は、昭和十七年(一九四二年) 六月五日、太平洋の中央に近いミッドウェー島の北辺海域で行なわれた。

必勝を期して周到な準備のもとに、こちらから仕掛けていったこの作戦に、わが方がなぜ敗れたのか、いまもって不思議に思う。

理由はいろいろ挙げられる。油断もあったろう。偵察システムが不十分だったともいえる。

通信システムの能力不足も考えられる。雲の状況も米軍に味方した。過去の戦績による驕《おご》りがなかったか。一面では勝運に見放されたともいえる。

しかし、このように個々の理由をいくつ並べてみても、それだけでは真相の解明にはならない。真実を理解できる唯一の道は、この海戦を構成した個々の事実が、相乗してそれぞれの原因となり結果となっていった戦闘経過を、順を追ってたどってみることしかない。

ミッドウェー島（環礁）。航空基地が見える

両軍の戦力比較

ミッドウェー作戦は、太平洋戦争前半を締めくくる重要な作戦であった。開戦以来六ヵ月で、日本はウエーキ島、香港、マレー、スマトラ、ジャワ、フィリピン、ビルマの順に攻略してきた。次の目標は、北はアリューシャン、中部太平洋ではミッドウェー、南はオーストラリアの三地域を押さえて、太平洋を二分する防衛線を設定することにあったのである。

このうち、オーストラリアを制圧する拠点としてのポートモレスビー攻略作戦は、珊瑚海海戦によって一応阻止された。わが方は、ここで開戦以来初めて前進を阻まれた。それから約一ヵ月後に行なわれたのがミッドウェー作戦で、開戦後約七ヵ月目のことであった。

この作戦の目的は、同島の攻略もさることながら、海軍としては長期戦を避けるため、これを機に米艦隊を誘い出して、これを撃滅し、一挙に勝敗を決しようとする意図があった。

この作戦の規模は、動員された艦艇、航空機数からいってもうかがい知ることができる。すなわち、ミッドウェー作戦と、同時に実施されたアリューシャン作戦とに動員された主要艦艇数を集計してみると、空母八、戦艦一一、重巡九、軽巡九、駆逐艦六七、合計一〇四隻となり、わが海軍にこれほどの艦艇があったのかと驚かされる。

これらの艦艇は五つの艦隊に分かれ、昭和十七年五月二十六日から二十九日の四日間にわたって、大湊《おおみなと》、広島、サイパン、グアムの四基地から別々に出撃し、作戦に従って合流している。

五艦隊のうち、ミッドウェー海戦に参戦したのは、広島から出撃した第一機動部隊（第一、第二航空戦隊）で、空母四、戦艦二、重巡二、軽巡一、駆逐艦一二で編成されていた。その後方に五〇〇キロの距離をおいて、全作戦を指揮する山本五十六連合艦隊司令長官の座乗する主力艦隊が続いた。たがいの距離からいって主力艦隊が機動部隊の戦闘に加わる機会はほとんど無い。

これに対する米機動部隊は、空母三、重巡七、軽巡一、駆逐艦一七からなり、戦艦は真珠湾で失ったため含まれていないものの、太平洋艦隊の総力を挙げての編成であった。

驚いたことに、二隻しかいなかったはずの空母が三隻となっている。これは珊瑚海海戦で大破したと思われた空母ヨークタウンが、じつは中破程度ですんでいたため、応急修理したうえ参加させたものであった。わが方は、この事実を知らず、米側の空母は二隻しかなく、しかも当時、ハワイにいると思い込んでいた。

この両機動部隊を比較すると、空母数は四対三でわが方が優勢であるが、米側にはこのほかにミッドウェー島に陸上基地があった。それは不沈空母として、空母には求められない特性を備えている。事実、この基地の存在によって引き起こされたもろもろの副作用に迷わされて、わが方は二転三転、作戦変更を余儀なくされ、ついには米側の奇襲を許すことになるのである。

次に、戦闘が始まる前の両軍の状況把握ぶりを比較してみよう。例によって、米側はわが方の暗号電報を傍受解読し、事前にわが機動部隊のミッドウェー攻撃を知っていた。つまり、この海戦は米側にとっては時と場所を指定された決闘のようなものであり、これに対してわが方は情報が米側に筒抜けになっていることを知らず、待ち伏せを喰ったようなもので、勢いわが方の注意はもっぱら、陸上基地にばかり注がれがちであった。

両軍の航空勢力を比較してみると、仮に基地を空母一隻に相当すると見なせば、航空機数はともに空母四隻分ずつとなり、数においては大差は無かった。しかし、質を比較すれば、当時の米軍の主力戦闘機はブリュースター・バッファローとグラマンF4Fワイルドキャットで、これまでの戦績からいえば、零戦の敵ではなかった。

しかし、戦闘の結果は、わが方の損害が空母四、重巡一に対し、米側の損害は空母一、駆逐艦一に止まり、わが方の惨敗に終わっている。
優勢な機動部隊を率いて、必勝の自信をもって仕掛けた作戦であったはずが、なぜこんなことになったのか。それを解明するのが本節の目的で、それには刻々と移りゆく戦闘経過を、一つ一つたどってみることが必要となる。

海戦の経過

戦闘は、日本時間の六月五日未明に始まった。米軍はこの日必ず日本軍がミッドウェーに来襲することを知っていた。したがって、米機動部隊はすでにミッドウェー島近くまで進出していたが、わが方は知る由もなかった。

[〇四三〇]（現地時間午前四時三十分）
わが艦隊からミッドウェー島の陸上基地攻撃のため、第一次基地攻撃隊の発進が始まった。攻撃隊は四隻の空母から発進した戦爆合わせて一〇八機で、基地を攻撃すれば当然、日本の機動部隊が近くにいることは米側に察知される。

[〇五三四]
発進開始から約一時間後、米飛行艇PBY一機が機動部隊上空に飛来し、艦隊は発見されてしまった。飛行艇はただちに「敵空母見ゆ」の第一報を打電している。わが方は飛行艇発見後、すぐに戦闘機で追跡したが、雲間に見失ってしまった。
同飛行艇は、偵察を終えて引きあげる途中、基地攻撃に向かう第一次攻撃隊をも発見し、ただちに基地に打電したため、基地では即刻、全機を空中に退避させている。

この時点で、わが方の索敵機はいまだ米機動部隊を発見できず、ここで早くも一歩遅れをとってしまった。

[〇六〇三]

米飛行艇は、日本艦隊発見から三〇分後、わが方の追跡をかわして、米機動部隊にも次のように打電した。

「敵空母二隻、戦艦数隻、ミッドウェー島北西二九〇キロを南東（ミッドウェー島方向）に向かう。速力二五ノット（時速約四六キロ）で進行中」

図1：両軍の関係位置

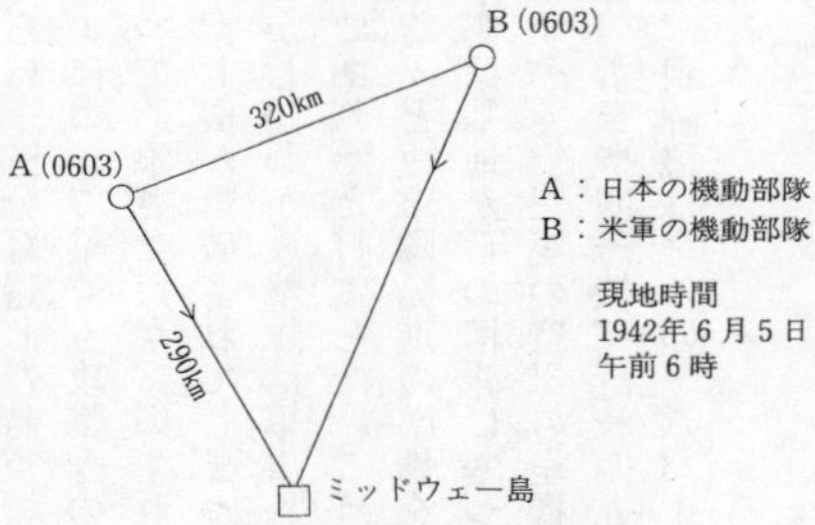

この報告の示す両艦隊の位置、距離、進行方向から判断して、米艦隊は日本艦隊が自軍の南西三二〇キロの海上をミッドウェーに向かって急進中と知った。以上の情況を総合分析すると、両者の関係位置は図1のようになる。

わが方は、まだ米機動部隊が近くにいることを知らなかった。また、米偵察機が飛行艇であったことから、米機動部隊より基地への関心の方が高まったと思われる。

[〇六一五]

ミッドウェー島基地では、飛行艇の報告を受けて十数分後に全機を空中に退避させると同時に、爆・雷撃機一〇機をもって、わが機動部隊攻撃に向かわせた。

[〇六三〇]

さらに一五分経過した時点で、わが方の第一次攻撃隊が基地上空に到達した。基地側はレーダーによって早くも攻撃隊の接近を知り、バッファローおよびワイルドキャット計二六機をもって迎撃させたが、いずれも零戦隊の敵ではなく、たちまちのうちにその一七機が撃墜され、七機が撃破されてしまった。

しかし、わが攻撃隊は軍事施設爆撃後の破壊状態がまだ不十分と見て、ただちに「二次攻撃の要あり」と打電した。こうして、わが方が基地攻撃に気を奪われている間に、米機動部隊は着々と攻撃隊発進の準備を急いでいた。

米側は基地からの情報に基づき、第一次攻撃隊が母艦に収容されるころあいを見計らって攻撃すべく、三隻の空母の全機をあげて攻撃隊を編成した。戦闘機二六機、急降下爆撃機八二機、雷撃機四一機、計一四九機であった。奇襲に適した急降下爆撃機が全体の半分以上を占め、戦闘機は全体の一八パーセントに過ぎず、機動部隊の定石どおりの攻撃に徹したものである。

[〇七〇二]

米攻撃隊は準備を終え、発進を開始した。わが方はまだ米艦隊の存在すら気付いていなかった。

[〇七〇五]

わが方は、先に第一次攻撃隊の「二次攻撃の要あり」という電報を受けとった途端に、先の陸上基地から出撃した爆・雷撃機一〇機の来襲を受けた。わが戦闘機は、そのうちの九機を撃墜、わが艦隊には一発の被弾もなかった。

戦闘機の掩護なしのわずか一〇機の攻撃隊で強力な機動部隊を襲うことはナンセンスである。しかし、この一見無意味にみえた攻撃も、わが方を牽制するうえでは大きな効果があった。

すなわち、先刻受信した第一次攻撃隊の報に対応して、わが方の関心は基地へ集中し、まだ存在の気配すらない米機動部隊に備えるよりも、いまのうちに目前で蠢動《しゅんどう》する基地をたたいておくのが順序と考えたのは当然であった。

陸上基地攻撃には、米機動部隊に備えて待機中の攻撃隊の雷装の一八機を爆装に改めなければならない。それは時間のかかる作業であったが、命令どおり換装作業を始めた。これが最初の運命の分かれ目となった。

同じころ、約三〇〇キロ離れた米機動部隊の艦上からは、攻撃隊が続々と発艦を開始していた。

[〇七五五]

さらに約一時間経過、わが方が再び基地攻撃のため換装作業を急いでいる最中、明らかに基地から来たと思われる二度目の攻撃隊が来襲した。

これは、わが第一次攻撃隊が引き揚げた直後に同基地を飛び立ってきた急降下爆撃機一六機、爆撃機一五機であった。わが方は、このうち八機を撃墜して撃退、わが艦隊は一発も被弾しなかった。

結局、約一時間の間に前後二回、合計四〇機の攻撃を受け、うち一七機を撃墜して一発の被弾もなかったことが、わが方の注意をいっそう基地に引きつける結果となり、米軍与《くみ》し易しという一抹の気の緩みを起こさせる効果があった。

［〇八〇〇］

さらに五分が経過して、先の空戦が静まらないうちに、味方の索敵機から初めて「敵らしきもの一〇隻見ゆ」と入電した。しかし、空母とはまだいっていない。

わが方の来襲を知って、米艦隊がハワイから駆けつけたにしては早過ぎる。この無電は午前七時二八分に発信されたが、中継を必要としたため三〇分かかって受信したものである。この緊急時に三〇分のロスは大きい。一瞬を争う機動部隊の通信システムとしてはお粗末に過ぎる。

折り返し本隊からの艦種問い合わせに、「巡洋艦五、駆逐艦五」の返事が返ってきた。「空母」という言葉はまだ出てこない。

［〇八〇六］

七時二分に発艦を開始した米攻撃隊一四九機は、この時点で全機発艦を終えていた。

［〇八二〇］

前電で米艦隊に空母は見当たらないとの報を受け、ひとまず気を許した途端、索敵機から「後方に空母らしきものをともなう」という第三信が入った。ここで初めて「空母」という言葉が出てきた。

［〇八三〇］

さらに一〇分が経過して第四信が入った。

「巡洋艦らしきものさらに二隻見ゆ、ミッドウェー島北方四〇〇キロ、針路南々東、速力二

ミッドウェー海戦当日、空母エンタープライズ上の米艦攻デバステーター

○ノット」

ここにいたって、わが方はその艦種構成から判断して、初めて米機動部隊の存在を確認した。米機動部隊が接近中ということは、日本艦隊の来襲を知ってからハワイを出撃してきたものではない。米側はなんらかの方法で、この日のわがミッドウェー攻撃を予知し、あらかじめ待機させていたと判断するのが妥当である。

だとすれば、最初のわが艦隊を発見した米飛行艇によって、その存在を六時三分には米艦隊が察知していたことになる。現在すでに八時三十分になるから、その後すでに二時間半が経過している。米側は、当然その間に攻撃隊を発艦させ、こちらに向かって飛行中で、すぐにも攻撃してきて不思議はない。事実、米攻撃隊は七時二分には発艦開始、八時六分には一四九機の攻撃隊全機がわが方に進攻中であった。

こんな簡単な推理を、わが方ができぬはずはないのだが、なぜかこの点を無視している。すでに二度までも米攻撃隊を撃退しており、来たらまた追い返すまでと、自己の力を過信していたとしか思えない。それでなくてさえ、機動部隊同士の戦闘では相手を発見したら一刻も早く攻撃隊を発進させるのが定石であるはずだ。

この場合は、折よく準備を終えて甲板上に勢揃いしていた第二次基地攻撃隊を、そのまま米艦隊攻撃に振り替え、爆装のままただちに発進させるのがもっとも適切な処置であったと思う。事実、そういう強い進言が空母飛龍《ひりゅう》座乗の第二航空戦隊司令官山口多聞《たもん》少将からあったが、なぜか無視された。

攻撃隊さえ発艦させていたら、たとえ二時間半の遅れはあっても、敵の空母も裸に近い状態をわが攻撃隊の前に曝すことになる。また、わが空母の甲板上は空になっていて、被爆しても爆装した攻撃機は無く、誘爆の恐れはなかったろうし、戦闘は空母数と戦闘機の質で勝るわが方に有利に展開したであろう。

しかし、事実はこれとまったく反対の結果となってしまった。すなわち、先に陸上基地攻撃のためわざわざ雷装を爆装に換えた一八機の攻撃機を再び雷装にもどすという、よりによってもっとも時間のかかる道を選んだことは、それこそ敵前で鎧を着替えるようなものであった。これが二番目の、そして致命的な勝敗の分岐点となり、この瞬間に勝負は決まったといえる。

魔がさしたというべきか、勝運に見放されたというべきか、それとも、敵の攻撃隊を二度までも退け一発の被弾も許さなかったことで、自信過剰に陥り事態を甘く見過ぎたものか、あるいは国運を賭けた世紀の大決戦に、わが海軍の最も得意とする雷撃作戦にこだわり過ぎたのかも知れない。

魚雷攻撃については、前述の「太平洋戦争」に、表8のような真珠湾攻撃時の興味深いデータが示されている。

ただし、このデータは目標がすべて碇泊中の艦艇であった。もし、航行中の艦艇だったら魚雷回避が可能で、命中率が大きく下がることは確実である。それでもマレー沖海戦では、必死に魚雷を回避する戦艦二隻を撃沈している。命中率は不明であるが、魚雷の破壊力が大きかったことは確かである。こうした過去の戦績を考えれば、わが方としては雷撃機を欠いた攻撃は、考えられなかったというのが本音であったろう。

こうして、一八機が再度換装を行ない元の雷装に戻すことは時間のかかる作業であり、帰投してきた第一次攻撃隊一〇〇機を収容するため、甲板上の第二次攻撃隊をいったん階下格納庫に降ろす必要がある。作業の細かい手順は私には分からないが、基本的にはこれだけの作業をするには、どんなに急いでも二時間以上はかかるであろう。

一方、この時点での米側の動きはどうなっていたろう。

米攻撃隊が発進開始してから三時間が経過しており、最初に発進した雷撃機四一機は目標海面に到着したが、既に日本艦隊の姿はなく、さらに先へ進んだ。続いて急降下爆撃機八三機も日本艦隊を発見できず、そのうちの三三機は引き返してしまった。残りの五〇機はさらに先へ進んだ。

[〇九四〇]

表8：真珠湾攻撃時の記録

	命中率
雷撃	90%
急降下爆撃	58.5%以上
水平爆撃	26.5%以上

最初に日本艦隊を発見したのは、先行した雷撃隊で、発進開始から二時間四〇分後のことであった。ただちに攻撃してきたが、わが方はたちまちそのうち三五機を撃墜してしまった。八五パーセントという高い撃墜率である。

雷撃機は鈍重なうえ、雷撃には海面すれすれの低空を突っ込んでくるので、戦闘機の餌食になりやすいのである。マレー沖海戦では、戦闘機の掩護をともなわない英国艦隊は、雷撃機の好目標であったろう。これに対して、急降下爆撃機はいきなり逆落としに突っ込んでくるので、いったん降下を開始したら防ぐ術はなく、命中率も高い。

［一〇二〇］

さらに四〇分が経過、わが方もようやく攻撃隊の準備が整い、すでに甲板上でプロペラを回して発艦指令を待っていた。

［一〇二四］

発艦指令が下され、最初の戦闘機が甲板を走り過ぎた途端、いつのまにか近づいていた米急降下爆撃隊が、一機また一機、雲間を縫って落石のように降下してきた。

米機は完全に奇襲に成功した。いままで完璧を誇ったわが艦隊上空の守りも一瞬の隙を突かれたうえ、雲の状態までが米軍に味方した。甲板上には爆弾や魚雷を抱えた攻撃機群が、翼を連ねて、まるで火薬庫を並べたように発艦を待っていた。

一機が被弾して爆発すれば、爆発は爆発を誘って止まるところを知らず、米側の攻撃は、わが三空母（赤城《あかぎ》、加賀《かが》、蒼龍《そうりゅう》）に集中し、わずか一〇分間に五〇機の急降下爆撃機の攻撃によって、三隻の空母は致命的打撃をこうむり、放棄するほかはない状況となった。蒼龍と加賀は夜に入って沈没、赤城は翌早朝、沈没した。

［一〇五〇］

ただ一隻残った空母飛龍《ひりゅう》は、ただちに全機発進の命令を下したが、急降下爆撃機一八機、戦闘機六機に過ぎず、得意の雷撃機は含まれていない。飛龍の攻撃隊は、帰途を急ぐ米空母を発見し、爆弾三発を命中させて帰艦した。同空母は、珊瑚海で大破したはずのヨークタウンであった。

日本空母4隻撃沈の殊勲機、SBD ドーントレス

二時間半前に出た索敵機が帰ってきた。無線の故障で通信ができず、米空母は三隻であることがここで初めて判明した。ただちに雷撃機一〇機、戦闘機六機からなる次の攻撃隊を発進させた。やがて、この攻撃隊から魚雷三本命中、空母一、重巡一を大破させたとの報告がきた。

しかし後でわかったことだが、この空母は先発の攻撃隊が命中弾をあたえたヨークタウンであった。同艦は後刻、洋上を漂っていたところを、わが潜水艦（伊一六八）によって撃沈されている。

［一五三〇］

戦闘はさらに続く。三空母を失ってからすでに五時間が経過した。米側は再び態勢を整え、残る飛龍を追って急降下爆撃機二四機を発進させた。

[一六三〇]

一時間が経過し、この時点まで飛龍は、来襲した米機延べ一一五機の魚雷二六本と爆弾七〇発を回避してきた。手元に残る飛行機は前二回の攻撃の生き残りの戦闘機六、爆撃機四、雷撃機四、計一四機に過ぎなかった。しかし、この時点では米側もまた生き残っている空母は一隻しかないはずと、残存の一四機で必殺の薄暮攻撃をすべく準備を整えた。

[一七三〇]

準備を終えて、まず索敵用の一機が発進しようとしたとき、突然、夕焼け雲の間を縫って米急降下爆撃隊が逆落としに殺到してきて、またしても奇襲を許してしまった。そして四発の爆弾を受け、たちまち全艦火だるまとなってしまった。こうして第一機動部隊は潰滅《かいめつ》した。

後方を航行中のわが主力艦隊は、機動部隊の異変を知りただちに米艦隊の追撃を計ったが、すでに退避し追撃不可能であることがわかり、ミッドウェー作戦は終結を宣せられた。

戦闘の結果は、わが方の損害が空母四隻、重巡一隻、航空機三二二機であったのに対し、米側は空母一隻、航空機一五〇機であった。

わが方の物的損害もさることながら、歴戦の勇士三五〇〇余名を失ったことは、取り返しのつかない大きな損失であった。これに引きかえ米側の損害は三〇〇余名であったという。

日本艦隊敗北の根本原因

図２：ミッドウェー海戦経過

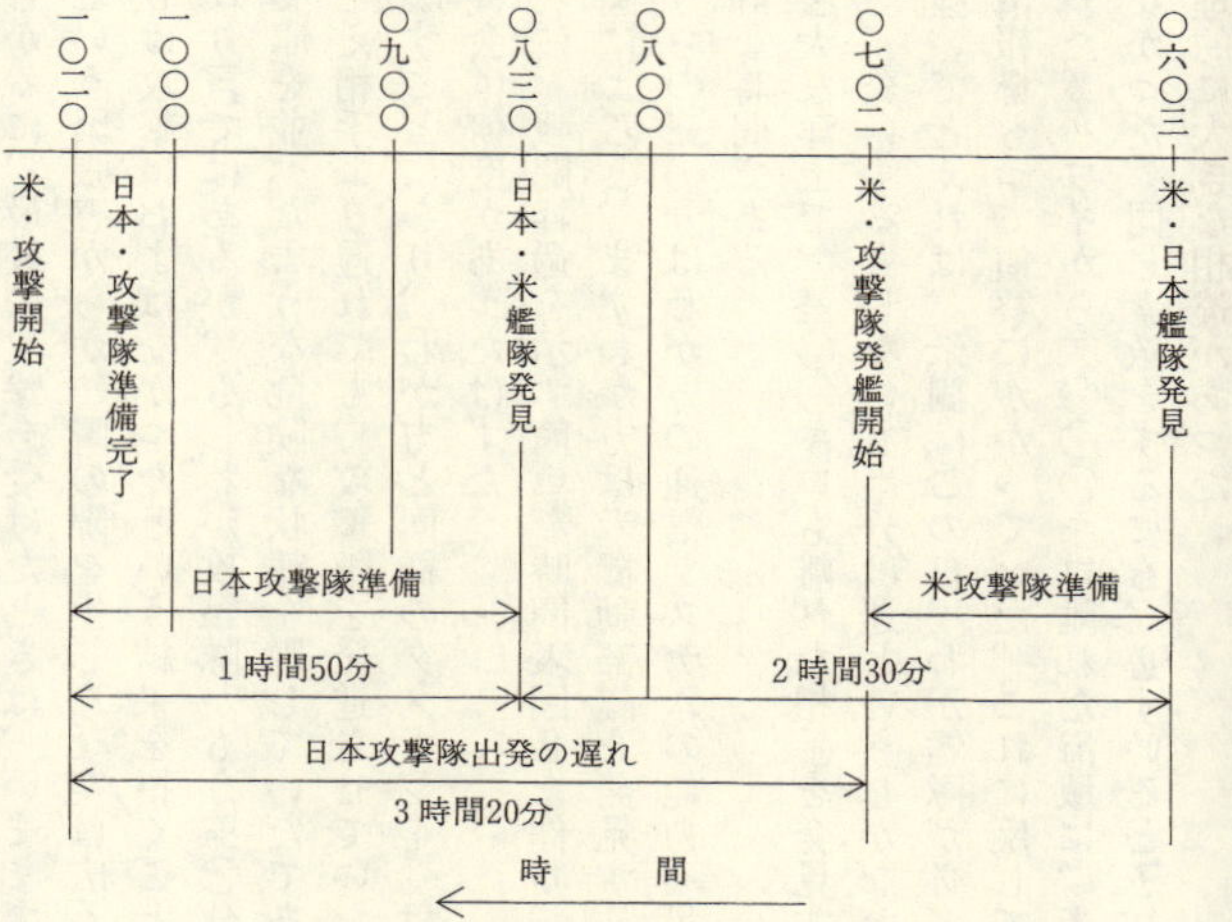

最後に、この海戦で問題の制空権はどうなっていたのか。戦闘の経過を振り返ってみると、わが機動部隊は最後の攻撃を受ける前に三回の攻撃を受け、いずれも撃退している。

一回目は午前七時五分、基地から来襲した爆・雷撃機一〇機で、このときは九機を撃墜した。二回目はそれから約一時間、やはり基地からの急降下爆撃機と水平爆撃機、計三一機で、この際八機を撃墜した。三回目はそれからさらに約一時間半を経た九時半を少し回ったころ、米機動部隊からの雷撃機四一機で、このときもそのうち実に三五機を撃墜している。

これらを集計すると、来襲機数は計八二機、そのうち五二機を撃墜、撃墜率は六三パーセントで、わが方は一発の被弾もなかった。ここまでは、わが方の制空態勢は完璧であった。

しかるに、最後に攻撃を受けたときは、いままで完璧を誇ってきた制空力にも、攻撃隊発進という緊張感からか一瞬の隙を生じた。空は広く、雲もあり、一瞬真空状態にあったため、守りは攻撃におよばなかったという結果を招くことになった。

繰り言ではあるが、もしわが攻撃隊がもう三〇分早く発艦を開始していたら、わが空母は火薬庫を並べたような危険な状態を脱していたであろうし、機動部隊戦闘の定石からいえば、たとえ相手より遅れても、攻撃隊を発進させていたら米空母もまた裸の状態でわが攻撃に身を曝《さら》すことになり、わが方と同様のダメージを受けていたであろう。その三〇分を短縮できる機会は何度かあったはずだ。

次に、戦闘経過を示す簡単な時間表図2を作り、遅れの内容を分析してみる。

図によると、まずわが方は米機動部隊を発見するまで二時間半の遅れをとっているが、そのうちの三〇分はわが方の通信システムの能力不足のため、駆逐艦による中継を必要とした余計な時間である。

広大な洋上で、三〇〇キロも離れた相手を発見するのである。天候状態などの自然現象次第で、発見するもしないも半分は運というしかない。

強いて考えれば、米側はこの日、わが艦隊が必ずミッドウェーに出撃してくるという確実な情報をもって偵察にかかっていた。これに反して、わが方は特に米側の情報を持っていなかった。ハワイから二〇〇〇キロ離れた海域に、米艦隊の主力が待機しているとは思ってもいなかった。同じ索敵をするにも、必ずいると予知してするのと、半信半疑でするのとでは、心理的に大きな相違があった。

米機動部隊発見までの時間的ロスの二時間半だけだったら、戦闘の結果はまったく異なっていたろう。しかるに、現実はそのうえさらに攻撃隊発進に一時間五〇分を要している。その理由は既述のとおりで、どちらも基地の存在が原因となって引き起こされたのである。

結局、こうした時間の遅れを集計すると、四時間二〇分の遅れとなる。これから米側の発進に要した一時間を差し引くと、攻撃隊発艦の時点で比較して、わが方は三時間二〇分の遅れをとったことになる。

両艦隊間には三〇〇キロの距離があったとはいえ、これだけのハンディキャップをつけられたのではどうにもならない。もはや対等の戦闘とはいえず、米側の一方的攻撃だったのが実態であった。

個々の事実を時間を追ってたどってみると、およそ以上のとおりで、わが方は戦わずして空母三隻の寝首を掻かれてしまったことになる。

こうして、わが方が次々と誤断を重ね、みずから墓穴を掘っていった根底には、何か共通の大きな原因があった。それは、ミッドウェー島陸上基地の存在が大きく作用していたといえないだろうか。

この日、早朝から陸上基地の存在に関心を注ぎ過ぎており、米飛行艇の出現で、さらにそれは増幅された。

続いてわが艦隊は、この基地からの攻撃を二度までも受けている。毎回これを難なく退け、実害はこうむらなかったものの、基地からの牽制効果は絶大なものがあった。そして、最後にわが方は取り返しのつかない結果を招くにいたった。

もし、陸上基地がなく、この海戦が空母を主力とする機動部隊同士の戦闘であったら、相手を米機動部隊だけに絞れるので、大きな時間のロスはなかったはずである。

したがって、発見が相手より二時間半遅れても、米側の攻撃前にわが攻撃隊は発艦しているから、わが空母上は既述のような危険な状態を曝すことはなかった。時間的な遅れはあっても、米空母もまた無防備状態で、わが攻撃隊を迎えることになったであろう。

また、途中で攻撃隊同士の衝突が起こっても、グラマンF4Fが相手なら零戦の敵ではない。戦闘機で空母は撃沈できないが、制空権を奪うことができれば、攻撃は容易となり、わが軍に六分の利があったろう。

以上、敗因はいろいろあるが、根本的にはミッドウェー島の存在にあったといってよいと思う。米側が、意識的にこの基地を日本艦隊牽制にフルに利用したとしたら天晴れといえる。一見、直接役に立つとは思えない陸上基地ではあるが、様々の副作用をひき起こさせて、日本艦隊を敗北に導いたのであった。

第三章　戦闘機の発達と翼面荷重

性能向上と重量増加

空戦のルールを変えた技術革新

昭和十年代の初め、各国の主力戦闘機はいっせいに複葉型から片持式低翼単葉型に移っていった。その変遷を示したのが表3（31ページ）である。

今世紀の世界動乱において主役を演じた各国の主力戦闘機は、いずれも同表の最右端に示した単葉型が始まりである。

実際にはドイツはハインケルHe112、イギリスはホーカー・ハリケーン、アメリカはブリュースター・バッファローの方が先であったが、単葉型への本格的移行の意味で表3のように表現した。

このように、世界の戦闘機がいっせいに格闘戦に強い複葉型を捨てて、単葉型に移っていった理由はなんであったろう。

一口にいえば、技術の進歩にともなう必然的結果ということにつきる。すなわち、まず航空機用エンジンの発達にともなって、強力なエンジンが得られるようになり、ついで軽くて強靱なジュラルミン材とそれを用いたモノコック構造を開発し、空気抵抗の小さい片持式低翼単葉型戦闘機の設計が可能となった。

その結果、戦闘機の性能は飛躍的に向上し、空戦の領域はおのずから広がり、いままでのような狭い空間における近接格闘戦（巴《ともえ》戦・ドッグファイティング）にばかりこだわっている必要はなくなった。広い空間を縦横に飛び回って、優位な態勢から一瞬のチャンスをつかんで必殺の一撃を加えて、そのまま飛び去るという広域を利用した自由自在な戦闘法が考えられるようになった。

これをスポーツにたとえれば、一方が限られたマット上で一対一の格闘技を展開する柔道やレスリングとすれば、もう一方は広いグラウンドでチームを組んで球を追って全力疾走を繰り返すサッカーやラグビーのようなものといえよう。したがって、競技の種目によって選手の適性はまったく異なってくる。

あるいはまた、軽戦を咲き乱れる花の間を巧みに縫って飛びかう蝶にたとえれば、重戦は広い空間を獲物を見つけると矢のように突進して捕食するトンボのようなものといえる。

スポーツと空戦の異なる点は、スポーツはルールが先にあって、適性に応じて選手が選ばれるのに対し、空戦は戦闘機の特性に応じ、戦闘の方法が変わってくる。

このように、技術の進歩が戦闘機の発達を促し、それが空戦の方法を変えさせ、つぎつぎとこれを繰り返し、戦闘機は急速に重量を増す方向へと発達していった。

まず、運動性を高めるため、さらに強力なエンジンが必要となってきた。また攻撃力を強化するには大口径の砲を数多く備える方が有利となる。こうした要求を満たすため、いっそう強靱な機体が必要となってくる。

これらの要求は、いずれも重量の増加をともない、戦闘機は進歩とともに必然的に重量を増していった。

軽戦と重戦

しかしながら、列強の戦闘機がいっせいに単葉型に切り替わったといっても、すべての戦闘機が同様に重武装をして、重量型戦闘機に変わっていったわけではなかった。

昭和十年（一九三五年）から十一年にかけて開発された列強の最初の片持式低翼単葉型戦闘機には、独のBf109、He112、英のスピットファイア、ハリケーン、米のセバスキーP-35、カーチスP-36、ソ連のI-16、わが国の九六艦戦、九七戦などがあるが、このうちBf109とスピットファイアの独、英二機種は高性能、重武装の重量型戦闘機であるのに、わが国の二機種は高性能ではあるが軽武装で、骨格も細い軽量型戦闘機であった。他は、重戦、軽戦どちらにも属さない、現用機の近代化、性能向上を図った個性に乏しいものであった。

九七戦の試作仕様書には、「できるだけ重量を軽くし、近接格闘性をよくすること」となっていた。近接格闘性とは、従来の巴戦による一騎討ちを指す。さらに、「武装は七・七ミリ機関銃二梃とする」としており、従来の複葉型軽戦と変わりはない。また、脚は重量軽減のため固定式のままである。

のちに、わが国も独、英の後を追って重戦化していくのであるが、過渡期には、同じ低翼

ハインケル He112

セバスキー P - 35

中島九七式戦闘機（キ - 27）

単葉型でも、二種類のタイプの戦闘機が併存した。しかし、軽量型戦闘機はわが国だけで、これらを便宜上「軽戦」「重戦」と区別して呼んだ。したがって、独、英には、このように区別をした用語はなかった。

翼面荷重による優劣比較

戦闘機の能力を測る尺度

戦闘機の能力は、速度、上昇力、加速力、旋回性、航続力、操縦性、火力、強度など多くの要素の調和のうえに成り立っている。したがって、これらの能力を個々にいくら比較してみても、これらを総合した全体としての優劣を決めることにはならない。そればかりではなく、戦闘機の優劣は戦闘の条件によっても異なってくる。

例をあげると、今次大戦におけるドイツの最大の失敗は、メッサーシュミットＢｆ１０９の航続力不足にあったと、多くの専門家の指摘するところである。

もし、ドイツがメッサーシュミットの代わりに、それと同数の航続力のある零戦を採用していたら、イギリスはお手あげの状態となっていたであろう。Ｂｆ１０９Ｅ型と零戦二一型は同時期の戦闘機で、英本土航空戦の始まったころ、零戦も中国戦線で活躍中で、時期的に可能なことであった。

表9に示したとおり、零戦二一型の航続力は、Ｂｆ１０９Ｅ型の五倍、スピットファイア1型の四倍もある。ドイツが零戦を掩護機として英本土爆撃をしていたら、英全土はドイツの爆撃圏内に入り、数に劣るイギリスは防戦しきれずに、戦況は一変していたと思われる。

そうかといって、戦闘機としてメッサーシュミットやスピットファイアが、零戦に劣るとはいえない。

表9：日・独・英戦闘機比較（昭和14年）

項目 ＼ 機種		零戦21型	メッサーシュミット Bf109E型	スピットファイア 1型
エンジン出力／高度	HP/m	950/4,200	1,100/4,200	1,030/5,000
全備重量	kg	2,410	2,446	2,640
主翼面積	㎡	22.44	15.66	22.40
翼面荷重	kg/㎡	107	160	118
最高速度／高度	㎞/h/m	533/4,550	570/3,690	583/3,600
実用上昇限度	m	10,250	11,200	9,670
航続距離	㎞	3,500	660	925
武装	口径㎜×数	7.7×2 20×2	7.9×2 20×3	7.7×8

考えてみれば、ヨーロッパは多数の国々に分かれ、わずかな時間の飛行で隣国の国境に達してしまう。このような環境に生まれ育った戦闘機と、広大な中国大陸や太平洋海域を仮想戦場として育った戦闘機では、航続力についての考え方が異なるのは当然だと思う。

ドイツは、スペイン内乱にＢｆ１０９を試用したが、スペイン本土のような狭い戦場では、航続力が問題になったことはない。これに反し、わが国は、中国奥地進攻で爆撃機の損害に悩まされた結果、掩護のため足の長い戦闘機として零戦を開発した。それ以来、零戦の活躍によって、中国軍戦闘機による損害は皆無となった。陸軍も同じく長大なマレー半島南進作戦のために足の長い隼を開発している。このような戦場の状況によっても、戦闘機の特性は大きく異なってくる。

また、一口に各国戦闘機のレベルを比較するといっても、各国ともつぎつぎと新戦闘機を開発し、主力機を更新している。その様子は、つぎつぎと選手が交代する駅伝競走に似て、優れた選手が一人いてもだめで、チームとしてのレベルの高さが問題となってくる。したがって、各戦闘機を個々に取りあげて比較することは、繁雑なだけで国際的水準の比較にはならない。それよりも戦闘機の優劣を総合的に判断できるような尺度を見いだし、大戦中活躍したすべての戦闘機を、シリーズとして一つの座標上に位置づけることができれば、それらの位置の相互関係から、ある程度各国の水準を推量することができるのではなかろうか。問題は、そんな都合のよい尺度として、どんな項目を選ぶべきかということである。

翼面荷重のグラフ

長い大戦中、戦闘機の製作技術は目まぐるしく進歩し、それに応じて各国の主力戦闘機も更新していった。これらの戦闘機をほぼ同じころ開発されているもの同士で比較することが必要となる。それには、横軸には開発年度をとらなければならないことは必然的である。

問題は縦軸の座標を何によって決めるかである。すでに述べたとおり、戦闘機は多くの要素の調和のうえに成り立っているから、たった一つで優劣を決定できる要素などない。とすれば多少大ざっぱになっても、もっとも適当と思われる要素を選ぶしかない。それでも、傾向を見るには役立つと思われる。

そこで次のように考えた。航空機の本質は、荷物を担って空を飛ぶことである。したがって、航空機にとってもっとも基本的要素は、荷物の重さとこれを支える翼の大きさである。ただし、この荷物という意味には自重も含まれる。

このほかに、基本的要素として推進力がある。しかし、重量や翼の大きさが高度には無関係であるのに対し、エンジンの出力は高度によって変化するので重量や翼面積ほどの絶対性は乏しい。したがって、エンジンの出力に関係づけると、問題ははなはだ複雑となり、まとまりがつかなくなる。

戦闘機の優劣を比較するのに、エンジン出力を考慮に入れないのは、はなはだお粗末と思うかも知れないが、実際には翼面積と重量は出力に関係して選択されているので、実質的には出力もある程度考慮に入っている。

このように出力を無視しても、なお重量と主翼面積という二つの重要な項目は残るが、幸いなことに航空機には、この二つの量を合成して作られる翼面荷重（全備重量／主翼面積）と呼ばれる、航空機の性格を基本的に決定する重要な係数が存在する。（注、全備重量を主翼面積で割ったものを翼面荷重といい、通常、kg／m²で表わされる。航空機が諸性能をアップさせるのには重量増加をともなうことになるので、翼面荷重は必然的に大きくなる）

この係数を縦軸にとって、すべての戦闘機を共通の座標上に開発年度順に位置づけたならば、大戦中の戦闘機の世界の全体像を一目で展望することができ、総合的に戦闘機発達の傾向を推量することができる。また、全体の中に占める各国戦闘機の位置から、進歩の過程を比較することもできる。さらに、各国の戦闘機に対する考え方、設計能力、生産能力などを総合した開発能力なども、ある程度推察できると思った。

以上のような考えに基づいて作成したのが、次の図3に示した翼面荷重グラフである。ただし、実戦に参加するにいたらなかった戦闘機は、ある程度生産されていても本表から除いた。また、グラフに続いて示した表10は、図3を作成するために調査したメモで、内容は同じである。表では観察しにくい場合はグラフを見ていただきたい。

以下、この翼面荷重曲線を観察しながら、私なりの判断を下してみる。

ここに採りあげた戦闘機は、世界の戦闘機とはいっても、大戦を最後まで戦い抜いた日、独、英、米四ヵ国の単発単座戦闘機だけである。事実上、世界の戦闘機はこの四ヵ国で代表されていると考えてよいと思う。

このほかにソ連があるが、この国のことは情報に乏しく、不確実な点も多いので省くことにした。

なお、アメリカは戦闘機の種類が多いので、その中でわが国と最も因縁の深い代表的戦闘機二機種だけをとりあげた。

本来比較したかったのは、国家規模のよく似た日、独、英三国の戦闘機であった。アメリカはこれら三国にくらべると、領土、資源、人口などに恵まれた比較にならない大国であるうえ、他国から攻撃される心配もなく最良の条件下で戦闘機の開発、生産をすることができた。いささか妬ましさもあって、比較する気にならないのだが、わが国の対戦国として省くわけにはいかないので、大戦の最後まで活躍した陸海軍の主力戦闘機を一機種ずつ選んだ。

こうしてグラフに示した戦闘機数は、昭和十年から終戦時までの一〇年間に開発、生産され、実戦に使われた日、独、英三国のすべての戦闘機に、アメリカの代表的戦闘機二機種を加えた合計三九機種である。

なお、観察に便利なように各国別に主力機、または主力機でなくとも同じ系列に属する戦闘機は見やすいように連結してある。正しくは水平な線で階段状に結ぶべきであるが、見やすいように斜線で直接連結した。これらの曲線の相違によって、各国の戦闘機に対する考え

図 3 ：各国戦闘機翼面荷重グラフ

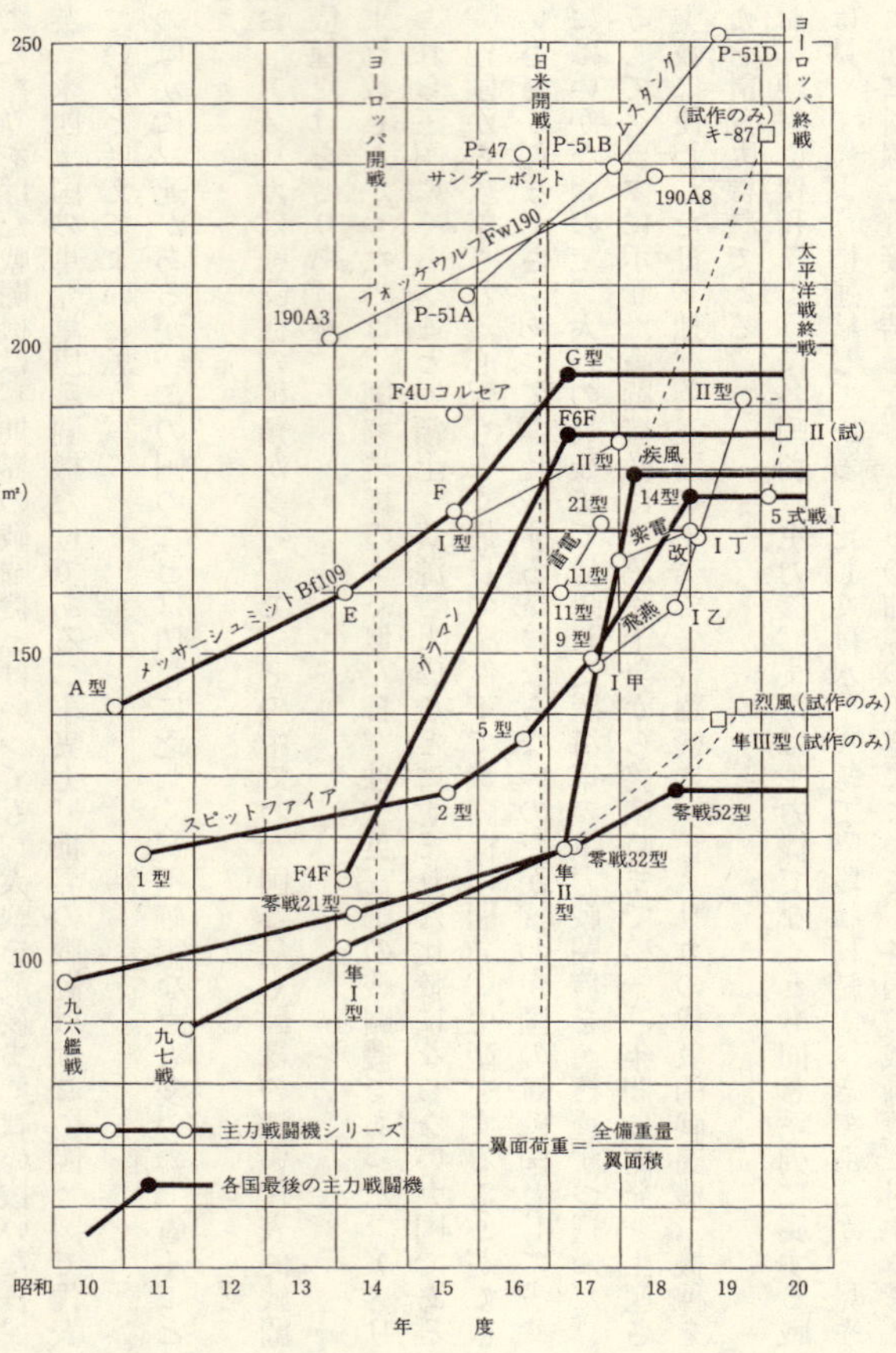

97　翼面荷重による優劣比較

表10：各国戦闘機翼面荷重

No.	機　種	試作1号完成期	翼面荷重	No.	機　種	試作1号完成期	翼面荷重
		昭和 年 月	kg/m²			昭和 年 月	kg/m²
1	九六艦戦	10·02	94	21	飛燕Ⅰ甲	17·08	148
2	Bf109A型	10·10	141	22	雷電21型	17·09	172
3	スピットファイア1型	11·03	117	23	ムスタングP-51B	17·11	230
4	九七戦	11·10	89	24	鍾馗Ⅱ型	17·12	184
5	Fw190A3	13·11	201	25	紫電11型	17·12	165
6	隼Ⅰ型	14·01	102	26	疾　風	18·03	179
7	Bf109E型	14·02	160	27	Fw190A8	18·06	227
8	グラマンF4F	14·02	114	28	零戦52型	18·09	128
9	零戦21型	14·03	107	29	飛燕Ⅰ乙	18·09	157
10	スピットファイア2型	15·06	127	30	紫電改21型	18·12	170
11	Bf109F型	15·07	174	31	スピットファイア14型	18·12	174
12	鍾馗Ⅰ型	15·08	171	32	飛燕Ⅰ丁	19·01	169
13	ムスタングP-51A	15·10	208	33	ムスタングP-51D	19·04	251
14	スピットファイア5型	16·06	136	34	飛燕Ⅱ	19·09	191
15	隼Ⅱ型	17·02	118	35	烈風(試)	19·10	142
16	雷電11型	17·02	160	36	隼Ⅲ(試)	19·04	139
17	零戦32型	17·04	118	37	五式戦Ⅰ キ-100-Ⅰ	20·01	175
18	Bf109G型	17·05	195	38	五式戦Ⅱ(試) キ-100-Ⅱ	20·04	183.5
19	グラマンF6F	17·06	186	39	キ-87(試)	20·01	234.5
20	スピットファイア9型	17·07	149				

方の相違や曲線の上昇率の緩急によって状況に対する対応の迅速性などが推測でき、各国の開発能力や生産能力を大づかみながら比較できると思う。

次に、グラフの作成に当たっては、次の約束に従って行なってみた。グラフに示す「開発の時点」としては、試作機完成の時期を採るよりも、生産が始まった時期を採るのが妥当だと思う。

なぜならば、試作機を完成してもただちに生産に移るわけではなく、繰り返しテストを重ね手直しを加えたうえで生産型に落ち着くまでには、かなりの期間を要する。しかも、その期間はまちまちで、たとえば九七戦では一年二ヵ月、審査の長びいた隼では二年二ヵ月、最も急いだ疾風では一年二ヵ月かかっており、試作機の完成から実戦に登場するまでの期間は、戦闘機によって異なっている。

ことに、外国機の場合は不明の点が多く、ここでは多少妥当性を欠いても、統一上、大抵の文献に記載されている試作機完成の時期、または初飛行の時期を採った。歴史を書いているわけではないので、傾向を知るうえではこれで十分だと思う。

増大する翼面荷重

このグラフは、各国別に個々に作ったのでは当たり前の意味しか持たない。各国の戦闘機を一つの共通の座標上に位置づけることによって、そこに多くの興味深い事実を推察することができる。

昭和十年から大戦終了までの約十年間に活躍した各国戦闘機の関係位置が、晴れた夜空の星座を眺めるようによくわかり、それによって様々の事実が観測できる。以下、いろいろの視角からグラフを眺めて観察した結果を述べる。個々の国に関することは後回しにして、世界の戦闘機全体に関わることから始める。

戦闘機の進歩と翼面荷重の関係

グラフを見てまず目につくことは、すべての曲線が一本の例外もなく、年とともに上昇していることである。技術もまた年とともに進歩していることを思い合わせれば、戦闘機の進歩とともに翼面荷重が大きくなるのが原則であるといえる。

当たり前のことを事新しくいっているようにみえるが、特にここでとり上げた理由は、このグラフは大戦中に活躍したすべての戦闘機が、その事実を証明しているからである。

大戦中の戦闘機の翼面荷重

グラフによると、翼面荷重の最小が九七戦の約九〇kg/m²、最大がアメリカのP‐51Dムスタングの二五〇kg/m²で、この二つの戦闘機は両極端である。これからみると翼面荷重は大戦中、約三倍にも跳ねあがっている。

この二つの戦闘機は、翼面荷重の大小両極端を示すとともに、戦闘機の特質としても両極限を示している。すなわち、九七戦は究極の軽戦として近接格闘戦では無類の強さを誇り、P‐51は究極の重戦としてプロペラ機の最後を飾った戦闘機で、今次大戦における最優秀戦闘機といわれている。

プロペラ機の時代はこれをもって終わりを告げ、その後は、ジェット機時代となっていった。

大戦末期の戦闘機の標準翼面荷重

次に、グラフをみて目につくことは、大戦末期が近づくにつれて、最初はばらばらだった各国戦闘機の翼面荷重は、いくつかの例外を除けば、いずれもある一定の狭い範囲内に集約されていることである。一定の狭い範囲とは、翼面荷重一七〇kg／m²から二〇〇kg／m²の間で、図の太線で囲った部分を指す。

各国の主力戦闘機でこの範囲内に収まっているのは、ドイツのメッサーシュミットBf109G型、イギリスのスピットファイア14型、アメリカ海軍のグラマンF6F型、日本陸軍の疾風《はやて》の四機種で、いずれも最後の主力戦闘機である。この範囲よりはるか上にあるのは、米陸軍のP-51D型で、はるか下の方に一つ取り残されているのが日本海軍の零戦五二型である。また、主力戦闘機ではないが、この範囲より大きい位置にあるのがドイツのフォッケウルフFw190A8型、この範囲内にあるのが日本陸軍の飛燕《ひえん》II型と鍾馗《しょうき》II型、五式戦、海軍の紫電二一型（紫電改）と雷電二一型の五機種である。

結局、大戦末期に活躍していた一〇機種あまりの戦闘機中、零戦五二型を除くすべての戦闘機が、この範囲内かそれ以上に収まっている。思うに、各国とも制空権の重要性にかんがみ、戦闘機の開発、生産に最後まで力をつくし、たがいに相手の戦闘機を研究して、自国の

三菱局地戦闘機　雷電21型

川西局地戦闘機　紫電21型（紫電改）

戦闘機を改良していくうちに、たがいのレベルが接近していったのである。

しかし、設計のようなソフトの問題はそれですむが、生産段階で物量問題が絡むとなると、そうはいかない。物量不足は次第に開発面にもプレッシャーをおよぼすようになり、ドイツも日本も新鋭機の開発はおろか、第一線機の生産力にまで影響が出て敗戦にまで追い込まれていった。

かくして、戦闘機の開発競争は終わり、翼面荷重の上昇も終わりを告げた。もし、戦争がさらに長びいていたら、翼面荷重はどこまであがっていたのだろう。

試作だけで終戦を迎えたわが国のキ-八七高々度戦闘機の

翼面荷重は二三五kg／m²であった。このほか、わが国にも外国にも実戦には間に合わず試作だけが完了したものも、また参戦準備中の戦闘機で、翼面荷重が二〇〇kg／m²を超えるものが幾種類かあった。それを実証しているのがP-51とフォッケウルフFw190で、究極的には列強のすべての戦闘機の翼面荷重は、二〇〇kg／m²をオーバーする時代の到来を示している。

しかし、そんな時代は永くは続かなかった。エンジン・プロペラシステムに比べて、はるかに大きな推力を発揮するジェットエンジンの時代となり、今日では大型輸送機など、いわゆるジャンボジェット機の時代になってしまった。

余談ではあるが、その翼面荷重はいったいどの程度になっているのだろうか。手ぢかの資料で見たジャンボ機ボーイング747型機について当たってみると、全備重量が三五二トン、主翼面積が五一一m²とあるから、翼面荷重六八八kg／m²となる。ジャンボ旅客機離陸の際のあの大きな上昇角を見ると、私たち古い時代の飛行機屋は一瞬、失速するのではないかと肝を冷やしてしまう。

戦闘機開発に要する期間

グラフを見ると各国主力戦闘機の曲線は、最後は水平線になってしまっている。これらの戦闘機の大部分は、昭和十八年（一九四三年）の末ごろまでに試作を完了した戦闘機である。当時、各国がまだ必死になって開発を続けていたもの、または生産にとりかかっていたものもあったが、それらはついに戦争には間に合わなかったのである。たとえば、わが国でいうと海軍の烈風《れっぷう》や陸軍のキ-八七など十数機種がある。

こうしてみると、戦争のために戦闘機を戦場に送り出すには、その時点での国力にもよるが、最短三年ぐらいは必要であることがわかる。

以上をもって、戦闘機の世界全般に関わる問題は打ち切り、次に各国別に戦闘機に対する考え方や特色を探ってみよう。

日本が重戦開発に遅れた理由

グラフのとおり、わが国が九六艦戦や九七戦を開発した昭和十年から十二年ごろ、ドイツとイギリスは、それぞれメッサーシュミットＢｆ１０９とスピットファイアを開発している。この四種の戦闘機は、世界の戦闘機がいっせいに複葉型から片持式低翼単葉型にかわった時代の最初の戦闘機で、いわば同期生である。

しかるに、グラフで見ると独、英戦闘機の翼面荷重にくらべて、日本の二機種の翼面荷重ははるかに小さい。先に述べた、戦闘機の進歩には翼面荷重の増加をともなうという原則に照らせば、わが国は戦闘機の考え方について、独、英にくらべて一歩遅れていたといわざるを得ない。当時、わが国に重戦思想はまだ生まれていなかった。

その証拠に九七戦の仕様書には、既述のとおり「できるだけ重量を軽くして、近接格闘性をよくすること」という一項が提示されており、旧態依然たる水平面内の巴戦を重視している。

わが国が、重戦開発で独、英に遅れをとった理由は何であったろう。

(1) 工業技術の水準の相違

基本的理由としては、当時のわが国の工業技術水準が、独、英にくらべて総体的にかなり劣っていたことである。昭和年代に入ってだいぶ追いついたとはいっても、一部の軍需工業だけが先行し、一般的にはさしずめ今日でいう発展途上国並みであったのである。

戦後の日本に生まれ、いまの日本しか知らない人たちには、想像もつかないことかも知れないが半世紀前の日本の工業技術の実力はそんな程度であった。たとえば、機械工業の基礎をなす工作機械など、いまでこそ日本がアメリカ、ドイツを抜いて世界のトップをいっているが、戦前は、主要工作機械の多くは輸入に頼っていた。私たちの工場にも、アメリカ製の工作機械が多数使用されていた。

また、一国の工業を代表する自動車産業をみても、今日ではアメリカを抜いて世界一の生産量を誇っているが、初めて四人乗りの小型乗用車ダットサンの生産を細々と開始したのが昭和十年であった。そのころ、アメリカはいうにおよばず、ドイツ、イギリスはすでにベンツ、フォルクスワーゲン、ロールスロイスなど有名ブランドの名車を世界市場に送り出していた。

半世紀を経過した今日では、わが国は工業技術面で欧米諸国に追いつき追い越した分野が少なくない。自動車や工作機械のほか、カメラではドイツを、時計ではスイスを、戦後発達したエレクトロニクスの分野では半導体、カラーテレビ、コンピューター、ロボットなどで、世界を制覇した感がある。また、高速鉄道の分野では新幹線が世界に先鞭をつけ、土木関係でも世界最長の海底トンネルや本土、四国間の架橋を達成し、世界をアッといわせている。

大戦前の発展途上国並みの日本を知る私たちにとって、現在の日本の発達は奇蹟としか思えない。だから、現代の若者たちが、荷車が東京市内を動き回っていた時代の日本の後進国的な姿を想像できないのは無理のないことである。

中島飛行機で量産中の隼（写真提供：松本俊彦）

(2) 環境の相違

昭和十年（一九三五年）当時、アジアもヨーロッパも、国際情勢は険悪の度を加えつつあった。しかもヨーロッパ情勢は複雑で事態はいっそう緊迫の度を増していた。このことは、一口に第二次世界大戦というが、独英戦争が日米戦争より二年以上も早く起こったことで理解されよう。

したがって、戦闘機の開発競争もヨーロッパの方がそれだけ早く始まっていたのであって、独、英両国はたがいに宿命のライバルを目前にして、衝突寸前の状態にあったといえよう。ことに、この両国の場合、戦争の攻撃手段は空からしかなく、戦闘機の優劣が勝敗を決する鍵であることを、たがいによく承知していた。こうして、二つの技術大国が持てる限りの技術を総動員して競い合った結果、生まれ出たのが重戦の構想であったと思う。

これにくらべてわが国は、遠く東洋の一角にあって、身近に競り合う相手もなく単葉型への転換はしたものの、それから先については特に新しい戦術構想も無いまま、相変わらず従来どおりの格闘戦主眼の軽戦を重視していた。

マラソンレースにたとえれば、ドイツとイギリスがトップグループを構成して競い合っている二人のランナーとすれば、当時、まさかアメリカと戦争するなどとは思ってもいなかった日本は、競り合う相手もないままに、ひとりマイペースで後方を走っているランナーのようなものであった。

工業国家集団のようなヨーロッパにあって、開戦必至と覚悟して競い合っていた独、英にくらべ、工業技術の遅れた東洋の一角で、お山の大将をきめ込んでいた日本が遅れをとったのは、当然の結果であったともいえる。

(3)空中戦法の変化

わが国は、昔からイギリスに多くを学んできた。戦闘機についても、イギリス流の考え方をもっとも強く伝承してきた。その結果、日本人の頭には、戦闘機は格闘戦を重視するという考えが強く植えつけられていたと思うし、それはまた昔の武士たちに共通するものであったかも知れない。

その昔、武士たちが合戦場においてたがいに名乗りをあげて一騎討ちをした風習が、当時なお日本軍人の頭の中に潜在意識となって残っていて、空戦でも一騎討ちを好む傾向が強かったのではなかろうか。一騎討ちとなると当然、近接格闘戦になり、旋回性能に勝る方が有利となる。つまり翼面荷重の小さい方が望ましい。その結果、軽戦への執着が強かったものと思う。

⑷国民性の影響

技術や軍事のことは別としても、日本人の国民性からくる理由もあったのではなかろうか。日本人の軽戦好みを、国民性にまでさかのぼって理由づけようとするのは、いささか考え過ぎと思われるかも知れないが、考えようによっては、これこそもっとも当を得た理由であるかも知れない。

日本人の繊細な神経は、日本文化のいたるところに表われている。一杯の茶を喫し、一輪の花を愛《め》でるにも、細かく神経を働かせて、欧米人には考えられない微妙な世界を考え出す。あるいは数百年の歳月を、一鉢の小さな大木に圧縮する盆栽を作り出すなど、大陸育ちの欧米人には思いもおよばぬ微妙な世界を醸成する。しかも、それは特別な人たちだけの占有物ではない。多くの日本人がなんの疑問もなく、これを楽しんでいる。

こうした日本人独特の発想が原点であるとすれば、戦闘機開発にも反映しないはずはなく、それが重量増加につながりがちな全金属製片持式単葉型に移行しながら、九七戦のような徹底した軽戦の開発になんの抵抗も感じずに挑戦したのだと思う。さらに、その成功があとを引いて、隼や零戦のような軽戦と重戦の混血のような戦闘機を生みだしたものといえる。

しかし、理由はなんであれ、日本の選んだこの道は、戦闘機発達の過程からみると一つの回り道であったと言わざるを得ない。機械技術の発達は、戦争のためには日本人の国民性などにおかまいなく、戦闘機の行くべき方向を決定づけていった。そして、わが国もやがて軽戦の限界に気づき、重戦に移行したのであったが、時すでに遅きに失していた。

重戦への模索

独英機と日本機の根本的相違

既述のとおり、日本の陸海軍および独英の、九七戦、九六艦戦、メッサーシュミットＢｆ１０９とスピットファイアの四機種は、各国が第二次大戦に先立って開発した最初の全金属製低翼単葉型機であった。

まずドイツは、スペイン内乱に試用して一応の成果をあげた。ついでイギリスは、実戦でテストする機会はなかったが、メッサーシュミットを間近にみて比較した結果、スピットファイアで十分対抗できると判断した。また、日本の九六艦戦と九七戦は、日華事変やノモンハン事件の結果で、一応の合格点を得た。しかし、形式は同じ低翼単葉型であるが、独、英機と日本機との間には、何か大きな相違を感じずにはいられない。

独、英両国は、わが国にとって永い間航空機の先輩国であり、その国の戦闘機と同期の日

図4：中島九七式戦闘機（キ－27）

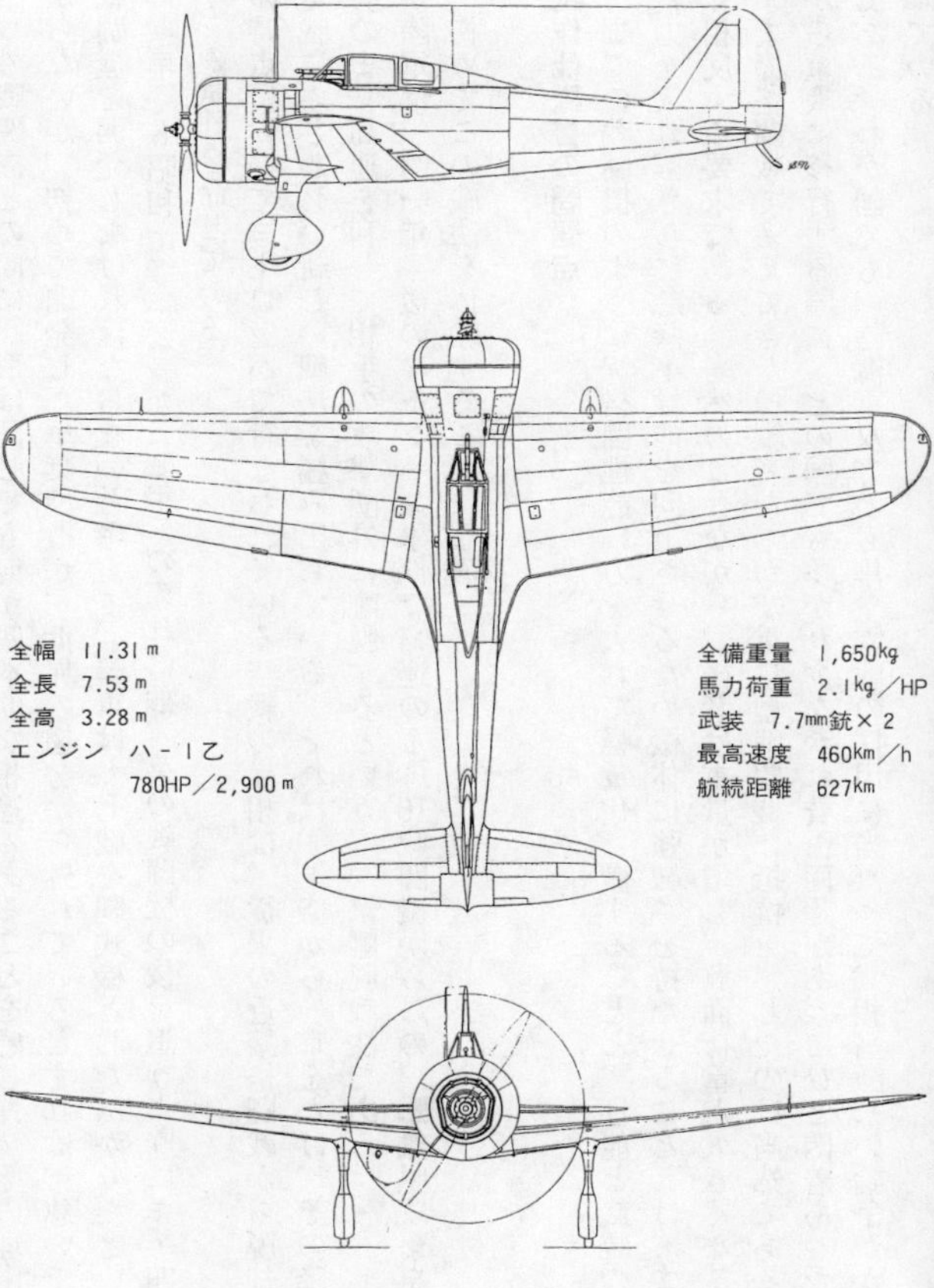

全幅　11.31ｍ
全長　7.53ｍ
全高　3.28ｍ
エンジン　ハ－1乙
780HP／2,900ｍ

全備重量　1,650kg
馬力荷重　2.1kg／HP
武装　7.7mm銃×2
最高速度　460km／h
航続距離　627km

本の二つの戦闘機との間に、形は同じでも何か基本的な相違のあることを感じた。その理由はわからないが、初めて開発した単葉型機が、世界の趨勢から外れているとすれば、急いで次の戦闘機を開発しなければならないと考えて、陸軍は九七戦を制式機としたばかりだというのに、早くも昭和十二年（一九三七年）の暮れに独、英の戦闘機の後を追うようにキ－四三（隼）の試作を命じている。

この時点においてヨーロッパで行なわれている空戦の様相は、従来の近接格闘戦から脱却し、重戦にふさわしい新しい戦法を編み出している。それは、上空から一撃をかけ、その降下姿勢のまま高速を利して相手の攻撃圏外に離脱するという、一撃離脱戦法である。

わが陸軍は、約一年半後のノモンハン事件でソ連のI－16戦闘機からこの一撃離脱攻撃を受け、初めてこの戦法を体験することになる。

隼試作仕様書の問題点

いままでの戦闘機のように、格闘性能に力を入れて軽量化に徹することと、性能と武装の強化に力を入れ、さらに急降下性能を向上させるため機体に強靱さを持たせることとは、まったく相反する要求である。当然のことながら、後者は重量が増し、翼面荷重が大きくなる。いままで格闘戦で鍛えてきた操縦者たちが、重量型戦闘機に抵抗を感じたのは当然である。軽戦から重戦に移行する際に、どの国でも多かれ少なかれ賛否両論があってひと悶着あったようである。わが国でも、陸海軍双方とも隼や零戦の採用に当たって、相当激しい論争がかわされている。

試作機に先立って製作されたキ－43(隼)の木製実大模型。設計の審査に利用される

当時、隼の設計チームに属して、その経過を間近にみてきた一員として、その成り行きについて述べてみよう。

独、英の戦闘機が、九七戦とほぼ同じころ開発され、いずれも低翼単葉型機でありながら、戦闘機の型式としての唯一の大きな相違点は、独、英機が重量の増加を顧慮せず性能を重んじて引込式脚を採用しているのに、九七戦は軽量化にこだわって固定式脚を採用していたことである。また、装備においても独、英機は重量増加を問題にせず武装を強化している。

日本陸軍が、独、英の行き方に習って急遽、開発を命じたのが隼であった。したがって、陸軍は隼にメッサーシュミットBf109のような戦闘機を期待したのであろう。しかし、当時はまだノモンハン事件前で、わが国では重戦の概念について操縦者や技術者の間でも十分な知識はなく、思想統一もされていなかった。

この事実は、隼の試作仕様書をみれば推察がつく。

隼は、前述した独、英の二つの戦闘機を追いかけて開発するはずであるのに、仕様書の内容は軽戦色が濃かった。まず、重戦としてもっとも矛盾を感じさせたのは、重戦の象徴ともいうべき強力な武装を要求しておらず、従来の軽戦並みの七・七ミリ機関銃二梃となっている。ただし、これは後に一三ミリ機関砲に変更されている。

次に、空戦性能の要求に軽戦とまぎらわしい表現がとられていた。すなわち、九七戦の仕様書では、「できるだけ重量を軽くして、近接格闘性をよくすること」となっていた部分が、「九七戦に勝る運動性を維持し、速力を大幅に向上させること」となっていて、九七戦で「近接格闘性」と表現した部分を、「運動性」という言葉に置き替えている。

これを読みくらべれば言葉の相異に気がつくのだろうが、別々に読むとその相異に気がつかず、「格闘戦」で九七戦に勝ることを要求していると思ってしまう。しかし、要求されているのは「運動性に勝ること」で、「近接格闘性に勝ること」とはいっていない。

つまり、空戦性能を要求するのにわざわざ表現を変えているということは、隼には九七戦と異なる何か別の戦闘法を要求しているのだろう。それがなんであるか要求側にもはっきり表現できないまま、設計者や操縦者に研究を促す意味で用語を変えたのだと思う。

長びく審査

「近接格闘戦」とは、主として水平面内の旋回戦闘、いわゆる「巴戦」を指す。スポーツにたとえれば、限られたサークル内で二人の選手が戦うレスリングや柔道を連想する。

図５：中島一式戦闘機「隼」Ⅱ型（キ－43Ⅱ）

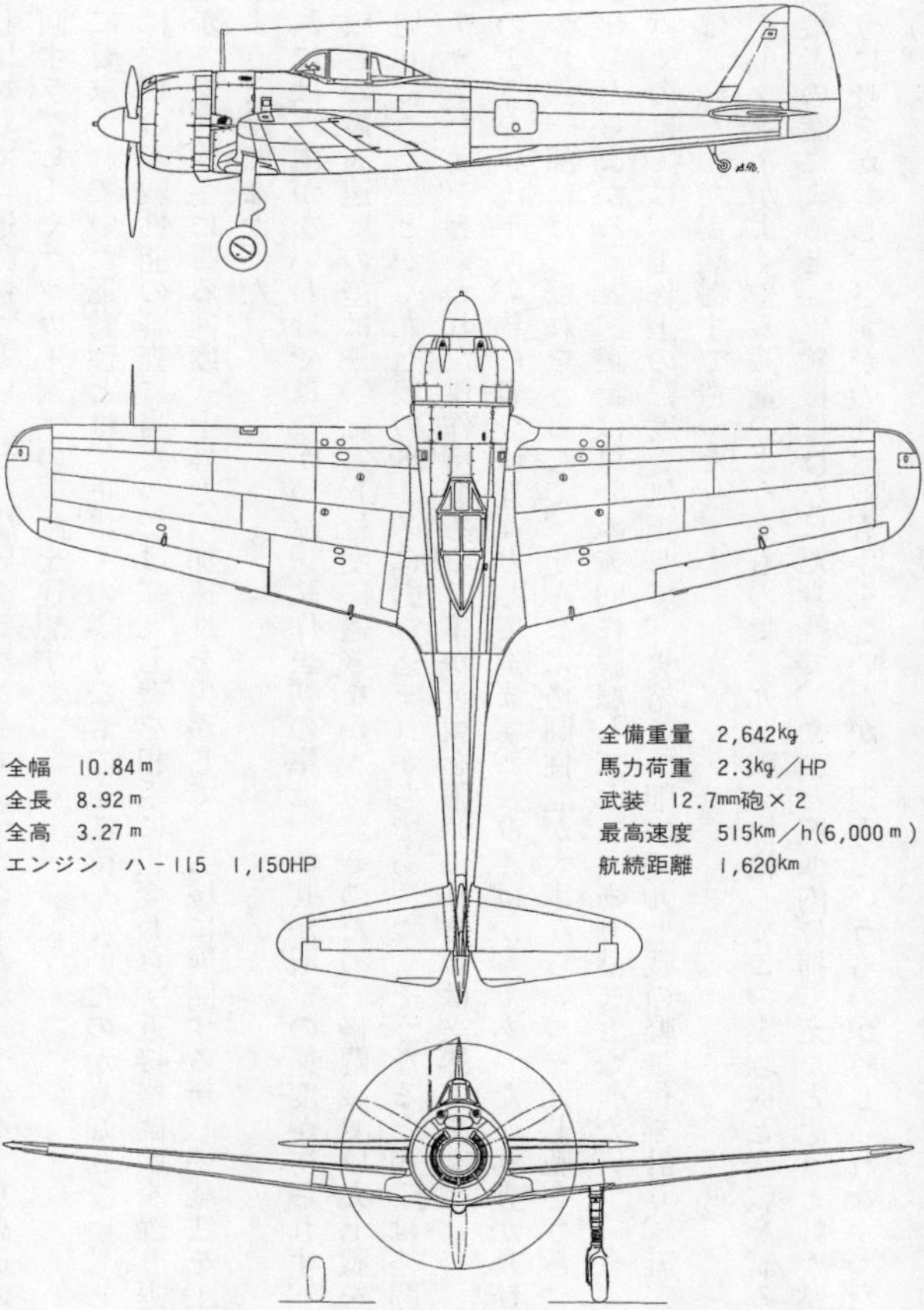

全幅　10.84m
全長　8.92m
全高　3.27m
エンジン　ハ－115　1,150HP

全備重量　2,642kg
馬力荷重　2.3kg／HP
武装　12.7mm砲×2
最高速度　515km／h(6,000m)
航続距離　1,620km

これに対して「運動性」というと、広いグラウンドで二つのチームが一つのボールを追いかけ回すラグビーやサッカー選手の運動を連想する。

隼に要求されていた運動性とは、正にそのようなものを期待していたのかも知れない。しかるに、隼の空戦性能の審査に当たっては、九七戦を相手に相変わらず近接格闘戦を繰り返すばかりで、相手に勝る速度、上昇力、加速性を生かして、広域に展開する新しい戦法を工夫しようとはしなかった。

それには理由がないわけではなかった。試作当初の隼は、なぜか所定の速度が得られず、九七戦との最高速度の差は三〇km/h程度に過ぎなかった。そのため、格闘戦では九七戦を振り切りにくく、とかく九七戦のペースに引き込まれがちであった。そうなると相手は格闘戦のチャンピオンといわれた傑作機である。隼が苦戦を強いられるのは当然であった。

このような状況下で、隼の審査は遅々として進まず、長びくばかりであった。審査が長びくにつれ、一部にはしびれをきらして、そんなに格闘性能が大事ならいっそ九七戦をさらに軽量化したらよかろうと、議論は思わぬ方向に脱線してしまうありさまとなった。

あげくのはては、工作上の難度を無視して、骨格まで削って九七戦の軽量化を計り、五〇キロほど軽くした実験機まで造った。

スポーツ選手がよくやる減量のようなもので、九七戦を操縦してこの実験機と空戦を試みた操縦者の話によると、実験機ははなはだ身軽で、やっと照準内に捕らえたと思うと蛙が跳ぶように身をかわし、さすがの九七戦も手を焼いたが、迫力というものが感じられなかったという。

ついに操縦者仲間からは、「空の蛙」という異名を奉られただけで、いつの間にか姿を消した。この実験機は、格闘性能の限界をみせてはくれたが、同時に格闘性能だけでは空戦の主導権を奪う積極的な攻撃性を持たないことを訓えてくれた。相手に勝る速度、火力、上昇力、加速性を備えていれば、多少格闘性能が劣っていても、優位な高度から強力な攻撃が可能である。米、英が格闘性能に勝る零戦に近寄るなと警告したのも、単に逃げろというだけではなく、格闘戦に引き込まれて不利な空戦をするなということであった。

思うに、隼は重戦を意図したものの、仕様書の内容に定見がなく、審査方法も妥当性を欠いていたために、軽戦派からも重戦派からも、中途半端な物足りない戦闘機として敬遠され、審査は長びくばかりであった。

初の本格的重戦鍾馗誕生

しかし、一方には隼の仕様書に疑問を抱き、もっと徹底した重戦を開発すべきだとする意見もあり、その結果、中島が自発的に研究に踏み切ったのが鍾馗《しょうき》であった。鍾馗は間もなく正式に試作機として承認され、隼のキ-四三に次ぐキ-四四の試作番号をあたえられた。

こうして、隼のテスト完了を待たずに、もう一つの戦闘機の設計チームが編成され、同じ設計室内に一方で軽戦から脱し切れない戦闘機、もう一方では当時としては桁外れの重戦的な戦闘機の開発が、机を並べて進行するというまことに奇妙な光景が出現した。

こうして二重手配をしたことは、決して無駄ではなかった。なぜならば、一方で軍の審査が続行中の隼の改良設計を進行させながら、万が一のことも考慮に入れて、新しい構想のもとに徹底した重戦指向の鍾馗の開発に、思い切った設計方針で臨むことができた。

まず、エンジンには隼より三〇パーセントも出力の大きい重爆用の大型エンジン（ハ-四一）を採用し、主翼面積は逆に隼より三〇パーセントも切り詰め、武装は機首に七・七ミリ機銃二梃、主翼に一三ミリ砲二門を搭載した。

また、急降下性能を重視して機体の強度、剛性を高めるなど、当時としてはまことに進歩的なわが国最初の重戦として、最高速度は六〇〇km／hを予定し、翼面荷重は一七〇kg／m²を超えた。

グラフの示すとおり、鍾馗が完成した当時、翼面荷重が一七〇kg／m²を超える戦闘機は、メッサーシュミットBf109F型、フォッケルウルフFw190A3型、ノースアメリカンP-51A型の四機種しかなかった。結局、わが国は鍾馗の完成によって、昭和十五年（一九四〇年）にいたり初めて本格的重戦を採用することとなった。

しかし、鍾馗はかなり研究機的な要素もあって、必ずしもバランスのとれた戦闘機とはいえなかった。たとえば、戦闘機用エンジンでは十分な馬力が得られず、やむなく重爆用エンジンを使用したので前方視界が悪く、翼面荷重が大きく着陸速度が速いので、着陸がむずかしかった。しかも、主力戦闘機とするには用兵上、航続力が不足であった。

その後、日米関係がいよいよ切迫し、開戦は避けがたい時点になると、航続力が大きく、軽快な運動性に富む万能的な隼の方が用兵的には有利と考えられ、九七戦に次ぐ主力戦闘機として採用されることとなった。

図 6 ：中島二式単座戦闘機「鍾馗」Ⅱ型甲（キ－44Ⅱ甲）

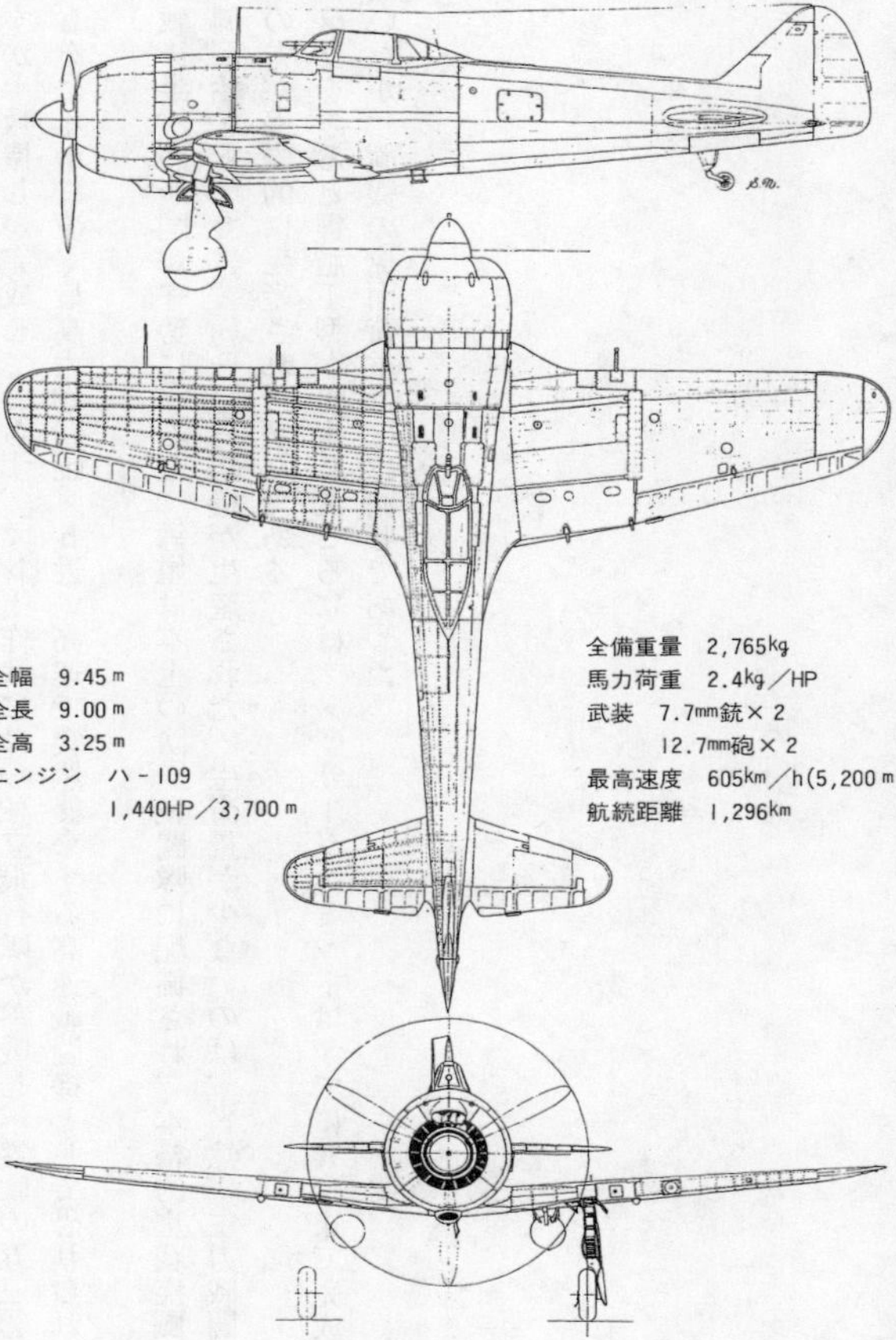

全幅　9.45m
全長　9.00m
全高　3.25m
エンジン　ハ－109
1,440HP／3,700m

全備重量　2,765kg
馬力荷重　2.4kg／HP
武装　7.7mm銃×2
12.7mm砲×2
最高速度　605km／h(5,200m)
航続距離　1,296km

ただ、ベテラン操縦者の中には、鍾馗の高速性を好む者も少なくなかった。開戦時、鍾馗はわずか十数機しか完成しておらず、マレー作戦には一独立飛行隊が参戦し、零戦の五三〇km／hをはるかに凌ぐ最高六〇〇km／h近い高速で突然襲来する高速戦闘機として恐れられた。

大戦後半、わが国が守勢になると、鍾馗は本土の防空戦闘隊に配備され、本格的重戦疾風《はやて》の配備が始まるまでに、約一二三〇機が生産された。生産量が少ないのは、当然、主力戦闘機隼の方が優先的に生産されたからである。

グラフをみると鍾馗Ｉ型が誕生したころには、メッサーシュミットはすでにF型まで完成していたが、両機の翼面荷重はほぼ同じであった。

第四章　翼面荷重から見た第二次大戦の主力戦闘機

戦闘機競争スタート

広い意味での第二次大戦における戦闘機競争は、ドイツのメッサーシュミットBf109の誕生から始まったと考えてよいと思う。

昭和十年代に入って、空軍の強化に最初に力を入れたのはドイツであった。その理由は容易に理解できる。

すなわち、ドイツのヨーロッパ制覇にとっての最大の障害は、海を隔てたイギリスの存在であった。この強力な海軍を持つ国を、海から攻めるのは愚かなことであるといっても、制海権が得られなければ、ドイツの誇る機甲部隊を英本土に送り込むことはできない。

こうして、ドイツは世界一の空軍建設を思い立った。空からとなれば、まず制空権を奪うことから始めなければならず、それには優れた戦闘機が必要となる。そこで戦闘機の開発にもっとも力を入れた。

昭和十年代初期では、戦闘の第一条件は近接格闘戦に強いことであった。そこでドイツが考えたのは、航空機の発達にともなって空軍の重要性は急速に高まり、各国とも空軍の規模を飛躍的に増大し、それを構成する航空部隊、特に戦闘機隊は飛躍的に増勢されるだろうし、航空作戦も従来のような能率のあがらない一騎討ちの格闘戦をしている時代ではなくなる。おそらく、多数の戦闘機が広い空間を高速度で飛び回りながら攻防を繰り返す。いうなれば、広域集団空戦とでも呼ぶような戦闘法が主力となるだろうから、それに適した戦闘機が必要となる。

曲芸的高等飛行に適するより、速度、上昇力、加速性、急降下性などに勝れ、強力な火力を備えた戦闘機が望ましい。こうしてドイツは主要航空機メーカー四社を選んで試作競争を行なわせた。その結果、もっとも要望にかなった低翼単葉引込脚付きのメッサーシュミットBf109型が選ばれた。

グラフにみるとおり、その試作一号機は昭和十年（一九三五年）秋に完成している。それから半年遅れて、これを追いかけるように、イギリスはスピットファイアの試作を完成させている。そして、日本ではこの二つの戦闘機を挟むようにして九六艦戦と九七戦が誕生している。

これら四機種の戦闘機は、いずれも四国が制式機として採用した最初の片持式低翼単葉型機であった。ただし、型式は同じでも性格的には基本的に異なっている。

一口にいって、メッサーシュミットは旋回性よりも速度、上昇力、加速性、急降下性などに重点をおき、主翼の面積をできるだけ切り詰め、武装を強化した戦闘機であった。したがって、その翼面荷重は試作当初でさえ一四一kg／m²に達していた。従来の軽戦思想からは考えられないほど大きい翼面荷重である。

表11：各国主力戦闘機比較（日米開戦時、昭和16年）

項目 ＼ 機種		隼II型	零戦32型	グラマン F4F型	メッサーシュミット Bf109 F型	スピットファイア 5型
エンジン最大出力	HP	ハ-115 1,150	栄32型 1,130	ツインワスプ 1,200	DB601E 1,300	ロールスロイスマーリン 1,185
主翼面積	㎡	21.2	21.5	24.1	15.8	22.48
全備重量	kg	2,500	2,544	2,760	2,742	3,080
翼面荷重	kg/㎡	118	118	115	174	137
最高速度	km/h	558/5,830	545/6,000	537/6,300	630/2,600	600/6,000
航続距離	km	1,900～3,200	2,800	1,460	708	760～1,600
武　装	口径mm×数	12.7×2	7.7×2 20.0×2	12.7×4	7.9×2 20.0×1	7.7×4 20.0×2

これにくらべて、日本の二つの戦闘機は、型式は同じ低翼単葉型でも、重量を軽くするため脚は固定式とし、武装は従来どおり機銃二梃という軽武装で、旋回性を重視した軽戦であった。グラフが示すとおり、開発当初のメッサーシュミットに比べ、九六艦戦や九七戦の翼面荷重はその六五パーセント程度に過ぎない。

両機のように全金属製片持式単葉型で、しかも軽戦を開発したのはわが国だけであった。欧米諸国では、複葉型から単葉型に移ると同時に、軽量化はもはや無理と考え、設計の重点を性能向上と武装強化におき、戦闘法を改めることにした。

したがって、単葉型軽戦は欧米にはなく、すべてが重戦であり、軽戦とか重戦とか区別したのは日本だけであった。

次に、イギリスのスピットファイアは、翼面荷重がメッサーシュミットと九七戦のほぼ中間にあるが、武装をみれば、機銃八梃または二〇ミリ機関砲四門という重武装で、その点からいって明らかに重戦である。

最後にアメリカの戦闘機について一言触れておく。わが国を最後まで脅かしたグラマン戦闘機のルーツをたどれば、昭和十年当時はまだ複葉機であった。この国は、地理的に列強から離れた安全圏にあり、そのうえ資源に恵まれ、技術、工業力には自信があり、怖いものなしで、国防については比較的ゆうゆうと構えていたようだ。

P-51は、この時期にはまだ生まれていない。アメリカが本気で戦闘機開発に乗りだしたのは、真珠湾奇襲以後のことである。

第二次大戦の開始（独英開戦）に先立って、日、独、英の三国が、主力戦闘機として最初に開発したのが、前述の四機種であり、四国はこれを一番手として、つぎつぎと新戦闘機の開発をリレー式に推進していた。

第二次大戦とはいっても、ヨーロッパにおける独英戦争と日米戦争開始の時期との間には二年以上も開きがあり、日米開始の時点でとらえると、各国の主力戦闘機は表11にみるとおり、シリーズの左記の二番手に移行していた。

日本陸軍――隼Ⅱ型
日本海軍――零戦三二型
ドイツ――メッサーシュミットBf109F型
イギリス――スピットファイア5型
米陸軍――ノースアメリカンP-51Aムスタング
米海軍――グラマンF4F-3ワイルドキャット

日本陸軍の主力戦闘機

隼が審査にもたついているころ、その足をさらに引っ張ったのは、ノモンハン事件における九七戦の活躍であった。落とされても落とされても、ますます数を増して来襲するソ連のI-15、I-16を相手に、九七戦は驚異的戦果をあげた。その輝かしい戦果の前に、隼の影はますます薄れ、操縦者たちが九七戦に固執したのも無理はなかった。

しかし、隼はそのままお蔵入りとなったわけではなかった。九七戦には求めがたい潜在的能力を秘めたまま、二年間にわたる長い審査の後、日米開戦のわずか半年ほど前、ようやくその価値が認められることになった。

「九七戦」対「隼」

ただし、隼が制式機として採用されるためには、パスしなければならない関門が二つ残っていた。

一つは、空戦で九七戦を制することであった。これについてはすでに述べたとおり、隼の採用を遅延させたのは、九七戦の軽戦としての活躍であったが、逆に隼を甦らせる手がかりをあたえたのも、やはりノモンハン事件における九七戦の経験からであった。

I-16は性能的には九七戦と大差はなかったが、機体は小型で剛性に富み、急降下に強く、横転性に勝れ、機銃も四梃装備していた。ノモンハン事件後半になると、格闘戦では九七戦の敵ではないと悟り、I-15を囮《おとり》にして低高度に九七戦を誘引し、上方から急降下しながら攻撃を加えて、高度を利して逃走する一撃離脱戦法を採るようになった。これには、さすがの軽戦の王者九七戦も捕らえようがなく、手を焼く始末となった。

もしも、I-16が九七戦にくらべて操縦性に劣っていても、速度、上昇力、高空性能などに勝っているならば、わざわざ囮などを使わなくても、自力で九七戦の上位から一撃離脱戦法を仕掛けることができたはずである。これが重戦の軽戦に対する有効な戦法であり、この戦訓から日本は初めて一撃離脱戦法を知らされた。

当時、隼は空戦性能審査で、相変わらず九七戦と近接格闘戦を繰り返し、苦杯をなめさせられていた。そんなある日、I-16が見せた重戦の戦法が一人のテストパイロットの頭をかすめた。彼は徹底的に垂直戦に持ち込んで九七戦と対戦した結果、ついに隼は九七戦制圧に成功した。こうして隼は第一関門を突破することに成功した。

求められた航続性能

もう一つの関門は新しく起こった問題で、日米間の雲行きがいよいよ険悪の度を加え、両国は一触即発といった情勢になってきた。開戦となれば真っ先に実行することは、石油資源の確保であり、必然的に南方作戦を実施せねばならない。それには足の長い戦闘機が必要であった。

当時、わが軍の最南端の航空基地は、仏印（現ベトナム）のサイゴン（現ホーチミン市）周辺にあり、イギリスの最大拠点シンガポールは、約一〇〇〇キロの距離にある。作戦の詳細は省略するが隼に求められる課題は、一〇〇〇キロを往復するということであった。これに戦闘時間その他を加えると、航続距離三〇〇〇キロが要求される。それは、九七戦には到底不可能で、隼に求める以外に方法がなかった。これは同じエンジンを使用し、ほぼおなじ翼面積をもつ零戦により可能なことが実証されている。

以来、隼は軽戦思想から脱却して、重量増加を意に介せず既設の翼内タンクの増量と主翼を強化して落下タンクをつけるなど、航続力の増大に務めた。その結果、内地から中国広東まで約三〇〇〇キロの編隊による無着陸翔破《しょうは》を成功させ、この関門も突破することができた。

このほかにも、二翅固定ピッチプロペラを二翅二段可変ピッチに換えて速度と加速性の向上を計り、また七・七ミリ機関銃を最初は一梃、続いて二梃とも一三ミリ機関砲に換装、武装を強化するなどして重戦化に努め、日米開戦のわずか半年前に一式戦闘機隼I型として制式機になった。これらの改造は、すべて重量の増加をともなったが、それでも翼面荷重は一〇二kg／m^2に過ぎなかった。

翼面荷重グラフをみると、独英開戦の約半年前に完成した隼I型とまったく同じ時期に日、独、英、米の開戦時の主力戦闘機が、偶然にもずらりと顔を並べている。

これら同期の戦闘機のうち、翼面荷重のもっとも高いのはドイツの異色戦闘機フォッケウルFw190A3型の二〇一kg／m^2で、続いてメッサーシュミットBf109E型の一六〇kg／m^2。さすが重戦の元祖ドイツ戦闘機の特性を表わしている。アメリカのムスタングは、まだこの時点では生まれていない。イギリスのスピットファイアは三年目でもI型のままで翼面荷重は一一七kg／m^2と隼、零戦よりやや大きい程度である。零戦二一型と隼I型は、それぞれ一〇七kg／m^2、一〇二kg／m^2ともっとも小さい。こうしてみると、大戦勃発直前の各国の戦闘に対する考え方がよく表われている。

翼面荷重の大小だけで戦闘機の優劣が決まるわけではないが、それは進歩の度合いを示す一つの指標にはなる。大戦開始に先立って各国それぞれ独自の考え方で開発された戦闘機のうち、わが国だけが軽戦への執着を捨て切れないでいるのが明らかである。

日米開戦の時点で、隼I型は増加試作の名目で突貫工事によって、辛うじて四〇機が間に合った。これに対し、ほぼ同時期に試作を完成した零戦は、すでに五〇〇機以上が生産されていた。

隼と鍾馗とメッサーシュミット

結局、隼は独、英機の後を追って重戦を期待したのだろうが、わが国ではまだ重戦についての概念が十分固まっておらず、隼より鍾馗の方がむしろメッサーシュミットBf109に近いものになった。

次表12は、前記三機種の比較である。

表によると、鍾馗I型と同期のBf109F型は、翼面荷重その他すべてが非常によく似た戦闘機であることがわかる。

余談になるが、これを裏付ける次のような話が思い出される。

日米交渉がアメリカの態度硬化で雲行きが怪しくなり、中島は隼の量産が軌道に乗り出した昭和十六年（一九四一年）夏のある日、中島太田製作所の試作工場に一機のメッサーシュミットが到着した。陸軍が購入した三機のE型のうちの一機であった。

表12：隼、メッサーシュミットBf109、鍾馗比較

項目	機種	隼Ｉ型	Bf109 E型	鍾馗Ｉ型
エンジン出力／高度	HP/m	970/3,400	1375/5,000	1260/3,700
主翼面積	m²	22.0	16.2	15.0
全幅	m	11.44	10.06	9.45
全備重量	kg	2,243	2,760	2,571
翼面荷重	kg/m²	102	170	171
最高速度／高度	km/h/m	495/4,000	600/6,700	580/3,700
実用上昇限度	m	11,750	11,400	10,820
航続距離	km	1,200	700	926
武装	口径mm×数	12.7×2	7.9×2 20×2	7.7×2 12.7×2

主翼、胴体その他にわけ、それぞれグリース漬けにされ、本製の大箱に詰められていたが、やがて組み立ても終わって、これが有名なメッサーシュミットかと、改めてつくづく眺めた。

その印象は、一口にいってきわめて整然とまとまっていて、随所に生産を容易にする工夫がなされていた。部品表はすべて一目でわかるように透視図で描かれ、印刷されていて（当時の日本では青図のまま）差し替え容易なルーズリーフ式になっていた。

調査を担当した技師の報告書の中の「……胴体内の装備は人体の内臓のごとく整然として……」という一項にはドイツ設計者の律義な一面がみられて、思わず微笑がこぼれたことを覚えている。

やがて、メッサーシュミットの試験飛行が始まった。たまたま同じころ、比較の意味もあって隼と鍾馗の試験飛行も行なわれていた。そして、いつもメッサーシュミットとの比較で引き合いに出されるのは、隼ではなく鍾馗であった。メッサーシュミットを追いかけて開発したのが隼であったが、メッサー

中島一式戦闘機　隼Ⅰ型

中島一式戦闘機　隼Ⅱ型

シュミットに追いついて互角の性能をみせたのは鍾馗の方であった。

図3（96ページ）の翼面荷重グラフを見ると、鍾馗I型の翼面荷重は、すでにメッサーシュミットE型をとび越えて、同時期のF型と肩を並べている。

しかし、ヨーロッパと太平洋戦線では、戦場の広さや事情が全く異なっている。

その点で、陸軍は選択を誤ることなく、太平洋戦争の主力戦闘機に隼を選んだ。中島は、隼の潜在能力である三〇〇〇キロを超える長大な航続力を引きだし、さらに武装の強化と蝶型空戦フラップの採用で軽快な運動性を兼備した戦闘機を完成させた。

隼は、緒戦において数々の重要作戦の成功に寄与し、二年におよぶ長い試行錯誤の過程を経て、ようやくその素質を開花させた。

緒戦における隼の主な活躍には、次のようなものがある。

第一に、長大な航続力を駆使してマレー半島上陸部隊輸送船団の護衛任務を果たし、ついで、マレー、フィリピンなど極東地域の英米航空戦力約三〇〇機以上を、零戦、九七戦、鍾馗などとともに開戦第一日で殲滅《せんめつ》して、海軍が強行出撃してきた英東洋艦隊をマレー沖海域において撃滅するのに貢献した。

続いて二ヵ月の後、オランダ領スマトラのパレンバン製油所奇襲に当たっては、海軍機と強力して陸軍の空挺作戦を掩護し、さらにはビルマ方面の英空軍を撃砕するなど、縦横無尽の活躍をしている。

このような作戦は、メッサーシュミットや鍾馗のようなスピードはあっても航続力の短い戦闘機では無理な相談で、隼を主力戦闘機にしたことは正しい選択であった。

隼の改良は、その後も休みなく続き、開戦三ヵ月後にはⅡ型が完成した。Ⅱ型はより強力なハ-一一五エンジンに、プロペラを定速三翅に改め、また主翼の先端を切りつめるなどして性能向上を図ったもので、それでも翼面荷重は一一八kg／m²に過ぎなかった。

世界の一流機に肩をならべたキ-八四「疾風」

このころになると世界の一流戦闘機の翼面荷重の標準は、一五〇kg／m²を超えていた。しかし、軽戦として生まれついた隼は、素質からいって所詮軽戦から脱することはできず、犬の子は犬の子、虎の子のような骨太ではなかった。

しかし、陸軍は九七戦、隼、鍾馗と三種の戦闘機をたて続けに採用したが、結果的には一〇〇〇馬力級の隼では、すでに限界にきていることを悟った。その結果、開戦後三週間ほどしてから二〇〇〇馬力級の本格的戦闘機キ - 八四（後の疾風）の開発を中島に命じた。なお、なんらかの理由で疾風の開発が遅れた場合の滑り止めとして、これと並行して隼の改良も怠らず、隼Ⅲ型の開発も続けた。

疾風の開発は、新しく二〇〇〇馬力級の戦闘機用エンジンのハ - 四五（海軍名、誉《ほまれ》）が完成したため可能となったのである。疾風は、一口にいうと二〇〇〇馬力級エンジンを備え、鍾馗を凌ぐ速度、武装、強靱な構造、さらには日本機特有の操縦性の良さも備える戦闘機を目標に試作を開始した。その試作仕様書には、従来の戦闘機にはみられない要求項目がいくつかあった。

私の記憶によれば、たとえば「本機は今次大戦における主戦闘機とする」という項目があった。また、「設計開始から一年以内に試作完了」ということは、緊急を要するということを意味していた。また、いままでの戦闘機には無かった項目として、数値は忘れたが急降下の制限速度を指定していた。陸軍もようやく急降下戦法の重要性を認めたわけである。中島は、陸軍設計部の総力を挙げて、小山悌技師長指揮の下に設計にとりかかった。

図3のグラフをみると疾風の試作一号機は、昭和十八年（一九四三年）三月に完成している。予定より約二ヵ月遅れたが、予定重量が増加したため主翼を設計替えしたことなどが影響した。その翼面荷重はおよそ一八〇kg／m²に達して、隼Ⅱ型から疾風へ一足跳びに跳びあ

がり独、英の最後の戦闘機Bf109G型、スピットファイア14型と肩を並べるにいたった。

次に、疾風開発当時の背景となった太平洋の戦況を頭に入れておく必要がある。当時、太平洋戦局の一つの山場であったガダルカナル島の攻防戦が延々と続いていた。戦場も本土から数千キロ離れると、日本の補給力では到底アメリカにはおよばず、昭和十八年二月、日本はついに同島を放棄するの止むなきにいたっている。その一ヵ月後に、疾風の試作一号機は完成している。

何回かの試験飛行が終わって大きな改修は必要ないとわかると、当時の中島のシステムに従って新しく主任技師が決められ、疾風専門のチームが編成され、本格的な審査を続けながら必要な手直しを加えていくこととなった。その他の大部分の設計部員は、それぞれ新しい仕事に移っていった。戦時中は仕事が多く、それぞれがあたえられた仕事に追われて、だれが何をやっているのかもわからなかった。

一方、超大型六発爆撃機富嶽《ふがく》（当時、社内ではZ機と呼ばれていた）の研究も始まった。私たち一部の戦闘機関係者は、次期戦闘機キ-八七高々度戦闘機の基礎設計に追われており、疾風の審査経過についての詳細を聴いている余裕など無かった。

疾風のハ-四五エンジンは、新開発のエンジンで、大馬力の割にコンパクトにまとめられていたものの、デリケートな一面を持っており、調整に手間取ったほか、機体の方も試作機にお決まりの細かい改造が続いていた。

しかし、戦局は急を告げ、制式認定を待たず手直しを続けながら増加試作の名目で八〇機

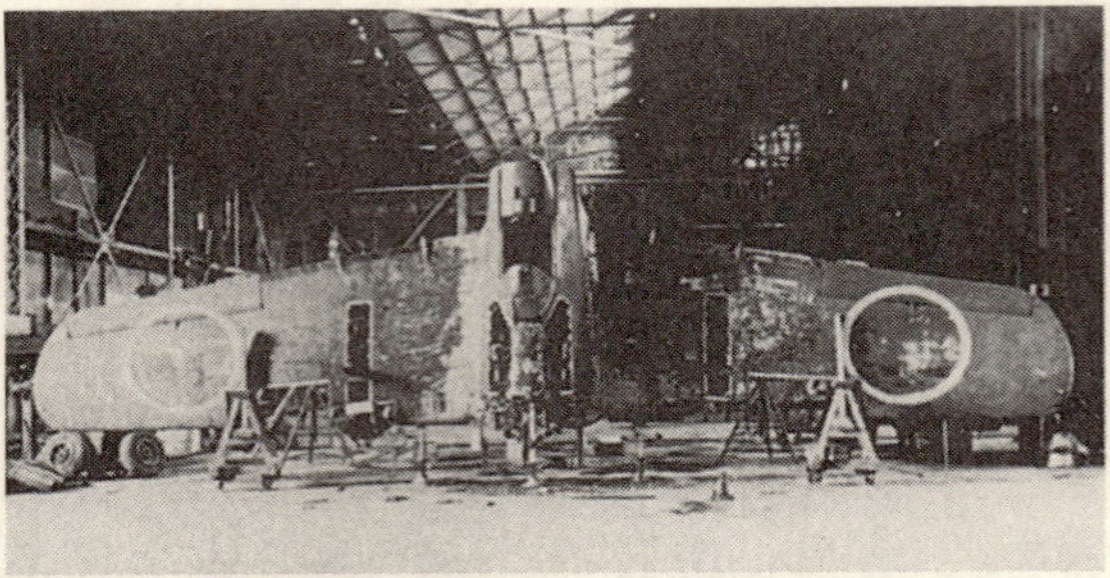

キ－84（疾風）の主翼と前部胴体。機関砲四門の点検孔が開いている

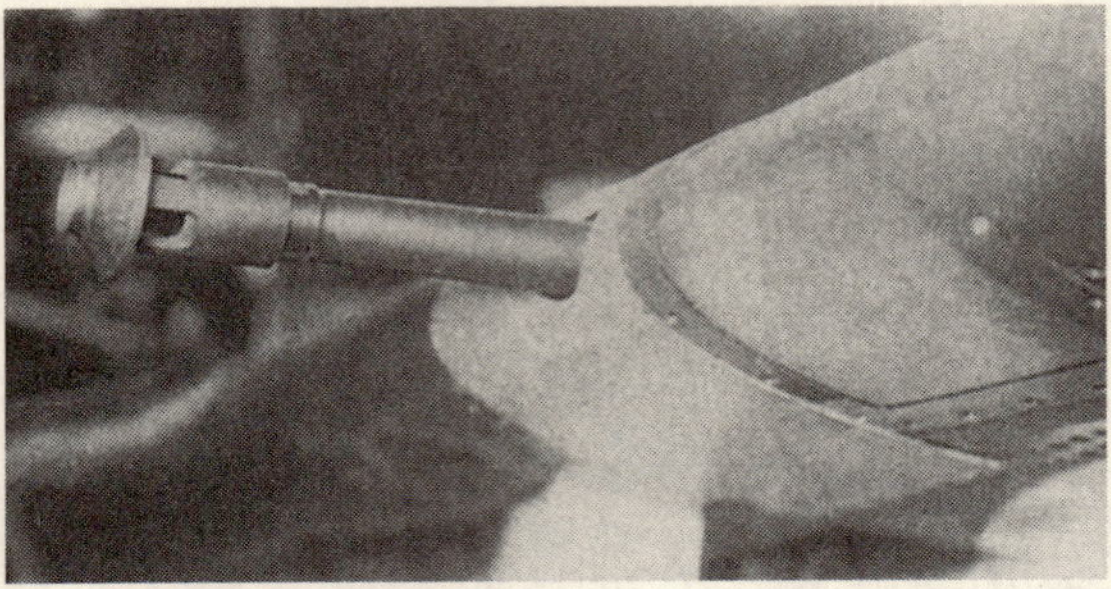

キ－84試作機に搭載された20ミリ機関砲ホ－3。量産機はホ－5を装備

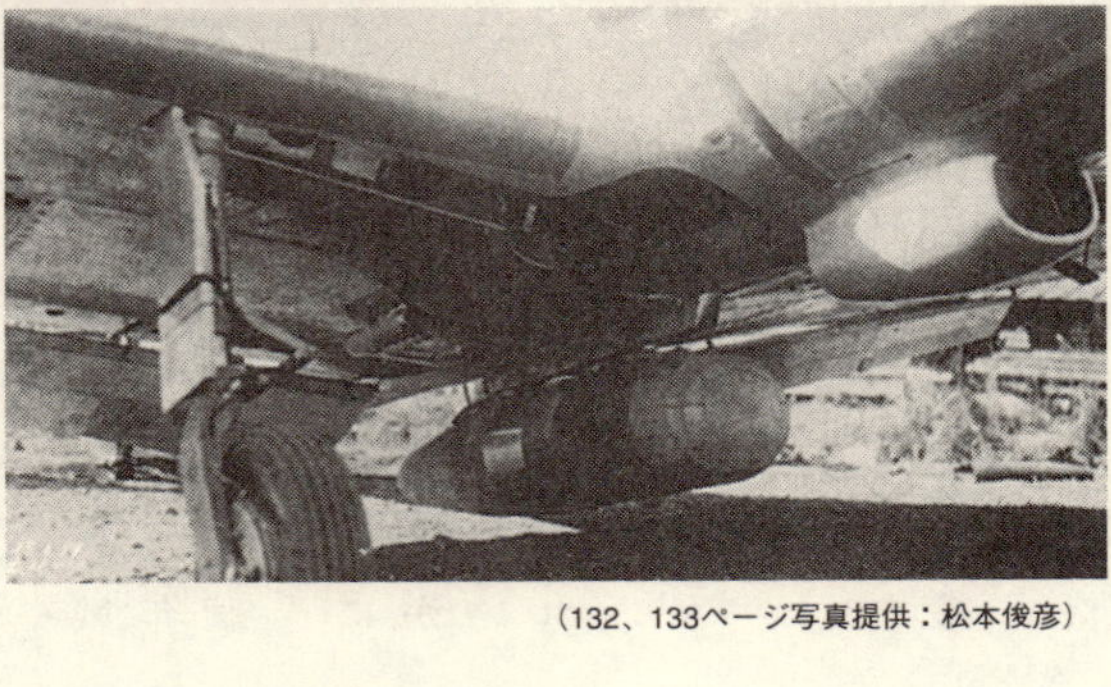

木製模型を使ったキ－84試作機の落下増槽の搭載試験

（132、133ページ写真提供：松本俊彦）

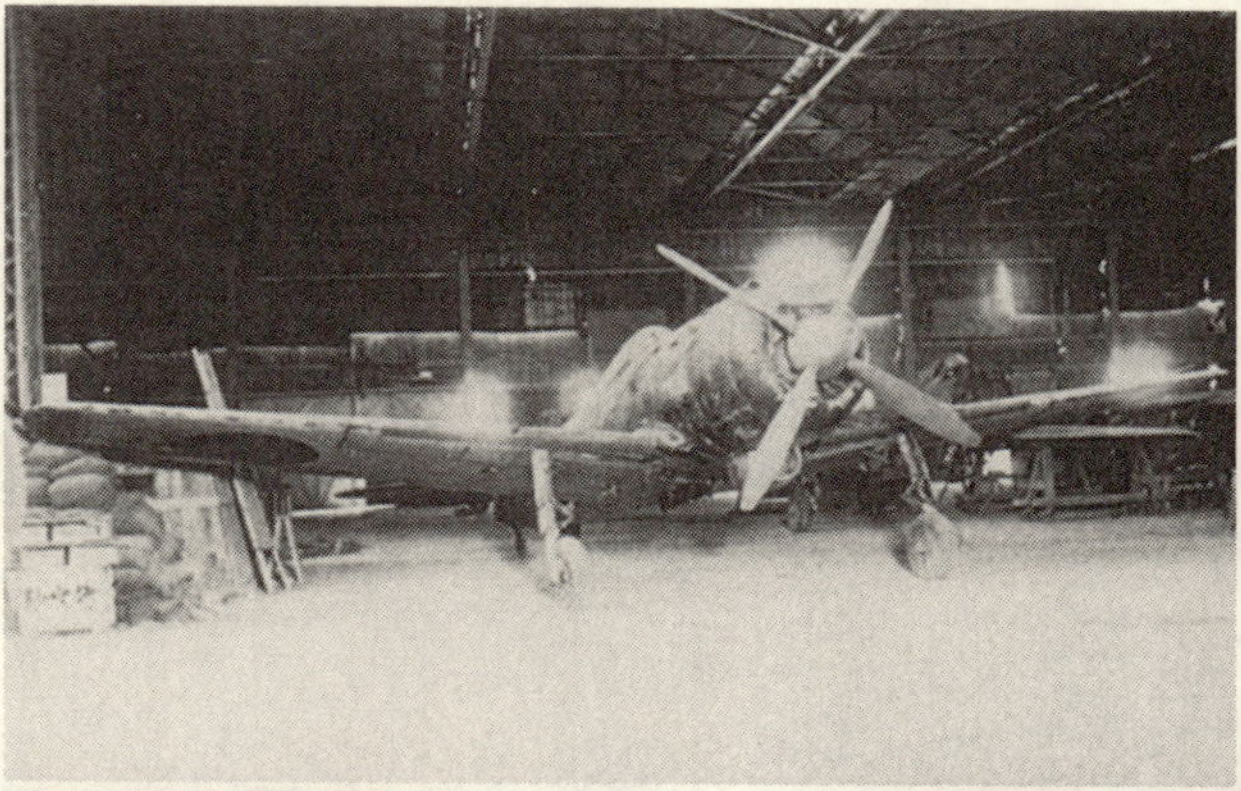

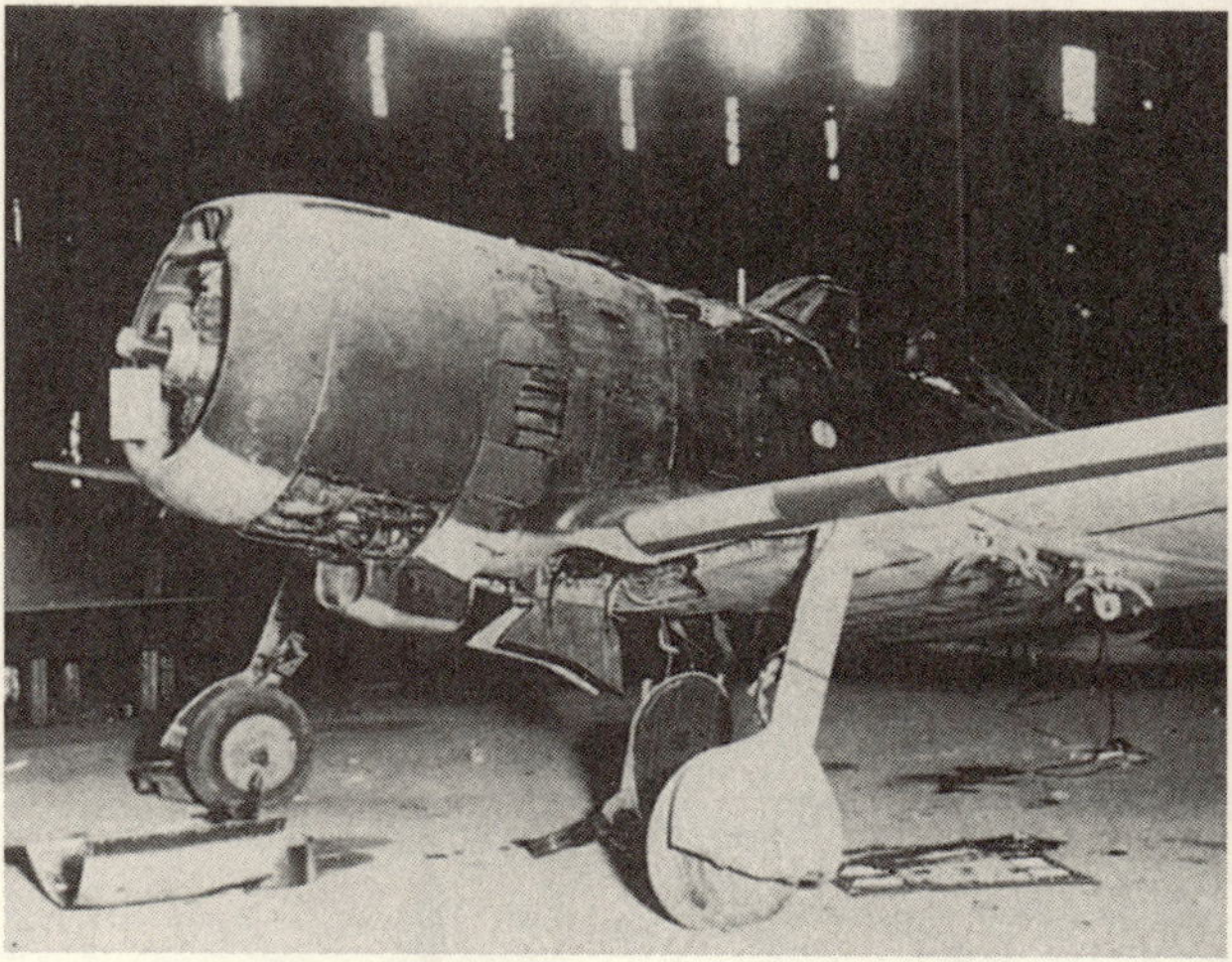

キ－84の全景（上）と機首部分。ハ－45エンジンの推力式単排気管がわかる

図7：中島四式戦闘機「疾風」甲型(キ－84甲)

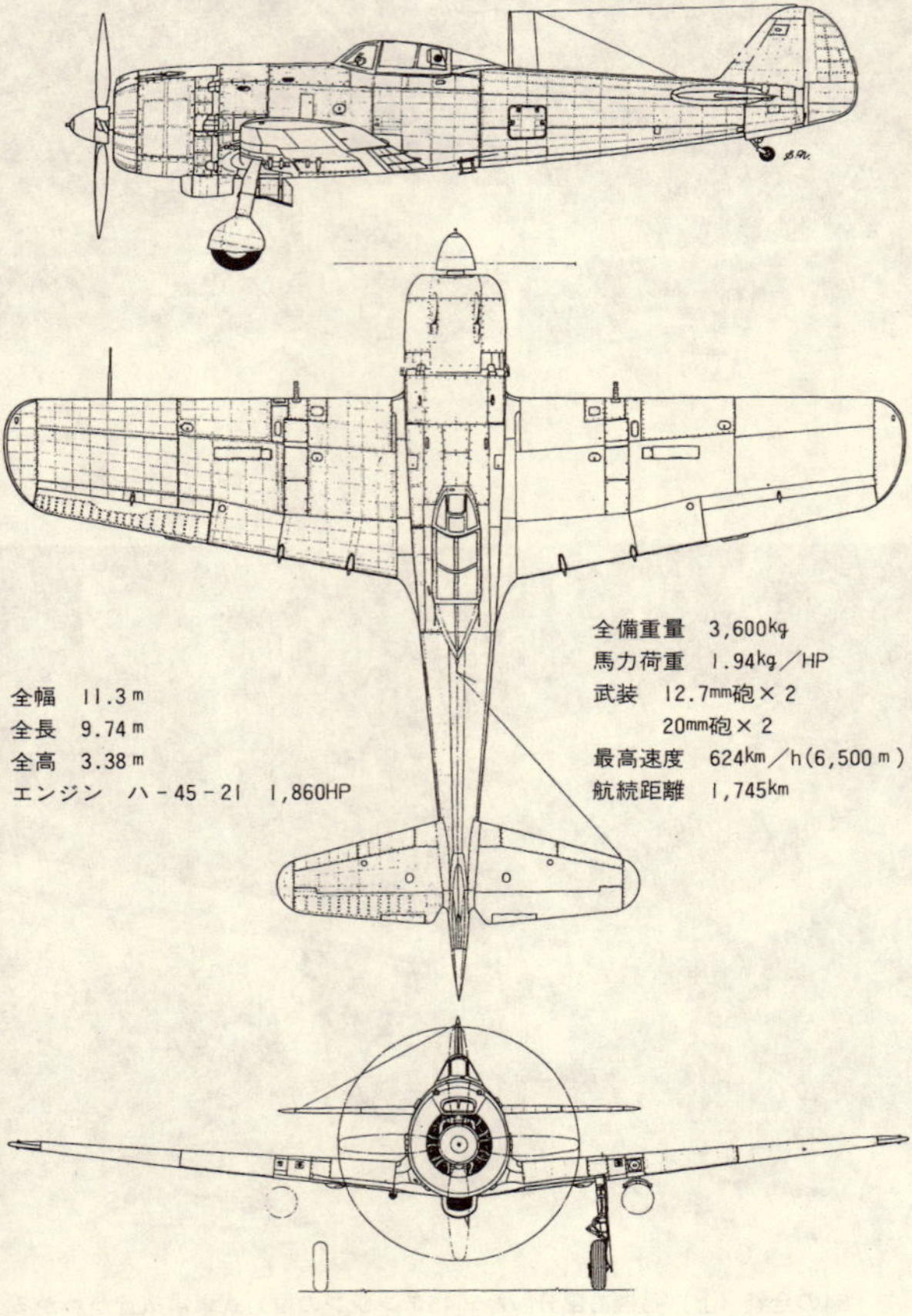

全幅　11.3m
全長　9.74m
全高　3.38m
エンジン　ハ－45－21　1,860HP

全備重量　3,600kg
馬力荷重　1.94kg／HP
武装　12.7mm砲×2
　　　20mm砲×2
最高速度　624km／h(6,500m)
航続距離　1,745km

表13：米軍テストによる疾風の性能

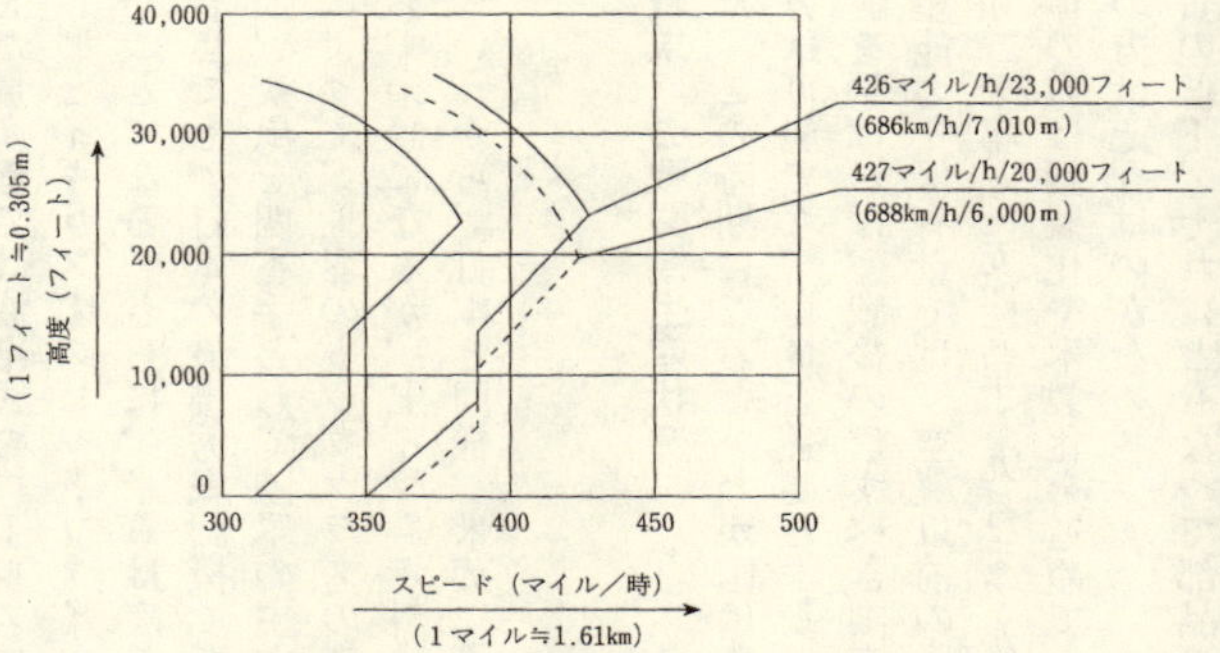

あまりを造った時点で制式機に認定され、四式戦闘機疾風《はやて》と命名された。初飛行から約一年を経ていた。

こうして中島は、一方では海軍の主力戦闘機零戦の主生産工場となると同時に、もう一方では隼、鍾馗の生産を新主力戦闘機疾風の生産に切り替え、陸海軍双方の戦闘機生産に全力を注ぐこととなった。

結局、疾風は昭和十八年八月から前述の増加試作を含め、終戦までの二年間に総数三三七五機を生産した。

そのうち、後半はB-29の空襲と工場疎開の最中に行なわれたことを思うと、驚くべき生産量といえる。しかし、これにくらべると手慣れた零戦の方は、同じ二年間に中島だけで約六五〇〇機を生産している。

次に、疾風の性能についてひと言触れてみよう。戦後、米軍の行なったテストの結果、一四〇オクタン価燃料を使用して、最高速度六八八km／hを記録している。（表13参照）

当時、最高速度が七〇〇km／hを超える戦闘機は、参戦した量産機では液冷式のロールスロイス・マーリン・エンジンを搭載したアメリカのP-51D型とイギリスのスピットファイア14型の二機種だけで、疾風はこれに次ぐ性能を備えていたことになる。さらに、米軍は疾風の優秀性について操縦性、急降下性、防弾装置などの総合点でも、日本の最優秀戦闘機であったと評価している。

以上、疾風を四番手として陸軍の主力戦闘機シリーズは終わる。わが国は疾風を開発したことによって、世界のトップクラスの戦闘機生産国の仲間入りを果たしたことになる。

なお、余談になるが、ドイツも燃料には恵まれず、空軍の標準燃料は九〇オクタン価であったというから、日本と同様、米英にくらべて大きなハンディキャップを背負っていたようだ。

大戦末期の戦闘機生産状況

また、この時期になると、わが国は資材不足が目立ち始め、計算尺と定規があればすむ設計の方は可能でも、物量を必要とする生産の方はそうはいかなかった。

一例を挙げれば、戦後の信ずべき調査によると、航空機の主材料たるジュラルミンは当時の生産能力と保有量では、空襲以前のペースで航空機を造っていたら、終戦の翌月、すなわち昭和二十年（一九四五年）九月までが限界であったという。

機体の方は鋼製化や木製化を進めていたものの、高品質な材料と高精度を求められるエンジンの方はそうはいかない。

材質の低下、それにともなって部品の品質低下、召集による熟練工の不足、ノルマ達成のための検査の甘さなども加わって、エンジンの品質、精度は次第に低下した。ことに、工場疎開による作業環境の悪化、設備の不十分さなども加わって急速に深刻の度を深めていった。

さらに、製品の品質の低下は整備の手数を増やし、新型機に対する不慣れも手伝って、疾風の稼動率を低下させた。そのうえ、整備教育が行き届かず、特に前線部隊においてその傾向が強かった。

また、それにも増して問題だったのは、操縦者の平均的経験年数と飛行時間の不足であった。太平洋戦争も半ばを過ぎると、日華事変が始まってから七年以上も戦争を続けていた訳で、その間に熟練操縦者は一人減り二人去り、この高性能戦闘機を乗りこなせる者は、次第に減少していった。

これについて、戦後の連合軍側文献によると、日本の最大の失敗は操縦者養成を怠ったことにあるとしている。日本にいわせると、わかってはいるがそれは非常に困難な命題で、貧乏国日本ではそこまで手が回らなかったというのが本音であろう。

資源に乏しい日本が、このような消耗の激しい大戦争を長く続けるつもりはなかった。結果としては、短期決戦を目指した日本の失敗であった。戦争を長びかせ、国力を消耗しつくし、戦局を左右する航空機生産力は破壊され、ひいては制空権の維持ができなくなって、近代戦の定石どおりB‐29の爆撃のもとに敗れ去るしかなかったのである。

以上が、日華事変以来約八年間にわたり主力戦闘機として活躍した九七戦から疾風に至る日本陸軍の戦闘機史である。

図 8 ：中島キ－87高々度戦闘機

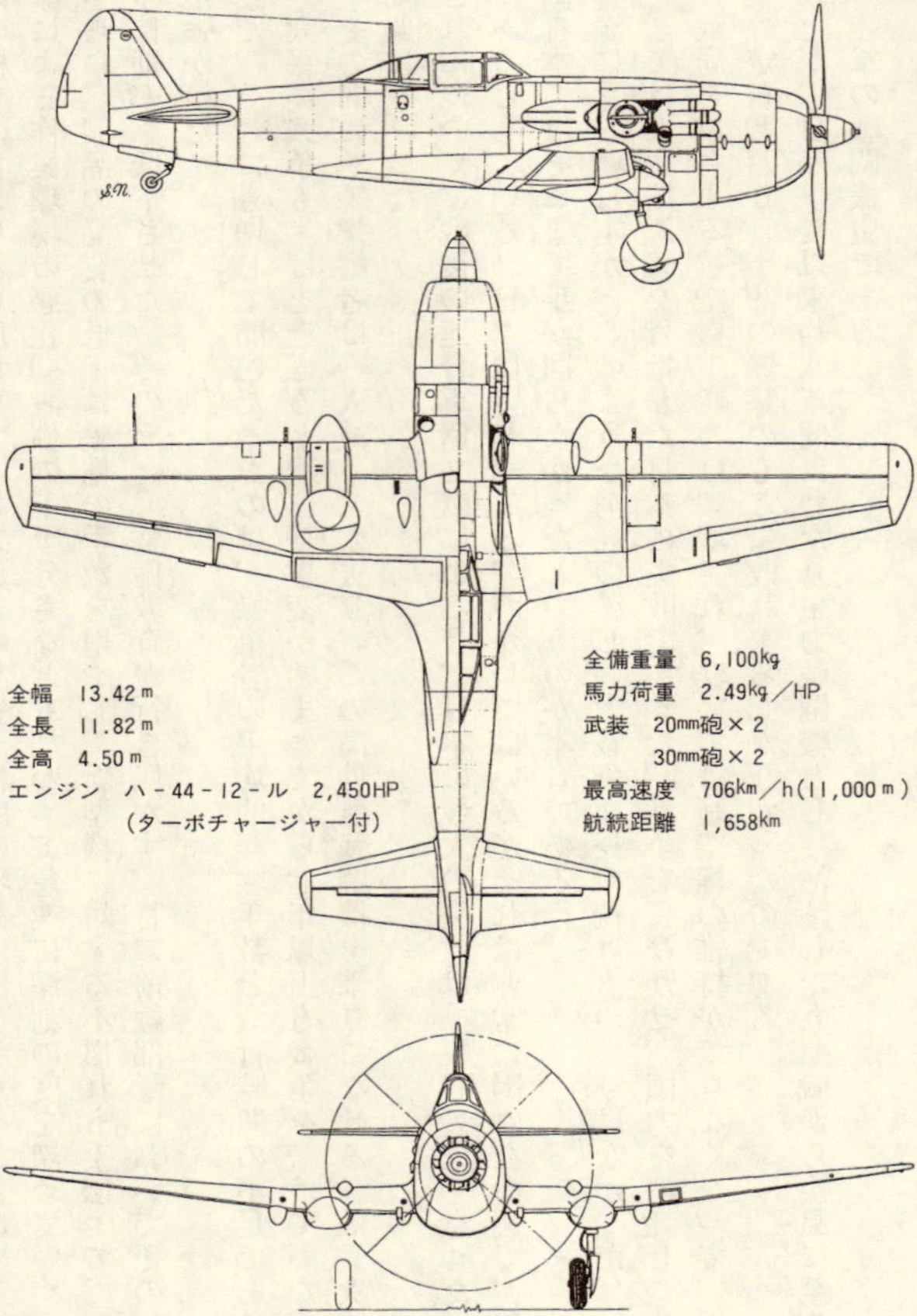

全幅　13.42m
全長　11.82m
全高　4.50m
エンジン　ハ－44－12－ル　2,450HP
　　　　(ターボチャージャー付)

全備重量　6,100kg
馬力荷重　2.49kg／HP
武装　20mm砲×2
　　　30mm砲×2
最高速度　706km／h(11,000m)
航続距離　1,658km

高々度戦闘機キ‐八七の開発

次に、大戦末期に中島が担当した次期戦闘機キ‐八七の開発について説明しておこう。B‐29迎撃用として、排気タービン過給器付エンジンをつけ、三〇ミリ砲および二〇ミリ砲各二門を装備した高々度戦闘機で、設計上の最高速度は高度一万一〇〇〇メートルで約七〇〇km／hであった。しかし時すでに遅く、試作一号機が完成したとき、本土はすでにB‐29の跳梁下にあり、中島は工場疎開で混乱をきわめ、本機が実戦に間に合うとは思われなかった。数回の試験飛行を行なっただけで、事実上開発は棚上げ状態になってしまった。問題となる本機の翼面荷重は、グラフで示すとおり設計値では二三五kg／m²となっていた。

日本陸軍戦闘機への欧米の評価

さて、日本陸軍の戦闘機に対して、欧米諸国はその設計技術をどのように評価していたのであろうか。これこそ、永年私がもっとも知りたいと思っていたことで、本書の目的でもある。

これについては、多くの批評の中からもっとも適切だと思った一文は、イギリスの権威ある航空専門誌に掲載されたものである。

イギリスの戦闘機関係者は、たぶん戦勝国としての優越感から寛容な気持と十分な資材に基づいて、日本陸軍の戦闘機を分析した結果、このような結論を下したものと思う。敗戦国日本では、日本の戦闘機についてこのように簡潔明解に批判した文書を読んだことはない。それはマクドナルド・ジェーン社発行の「日本陸軍戦闘機・第二巻」である。

――太平洋戦争が始まると、連合軍はたちまち日本の軍用機設計能力について、長い間過小評価していたことを知った。いうなれば、軍用機開発の面では西欧の技術先進国に較べて、日本は後進国ではなかったことを悟った。

戦闘機に関する限り、日本陸軍の戦闘機は、連合軍戦闘機と著しく異なった特性を持っているということであった(注、西欧諸国の重戦に対し日本は軽戦であった)。その特性のおかげで、始めは成功裏に驚異的な活躍をした軽戦闘機も、後には短所を露呈するようになってしまった(注、初期には軽戦として有利に活躍したが、後には欧米の重戦の戦法に悩まされた)。

日本の航空機産業が新しい強力な戦闘機、たとえば疾風のような戦闘機を、驚くほど短期間に設計、開発、生産して、優秀な能力を発揮させたのは、その後のことである。すなわち、疾風は軽戦闘機を思わせるような優れた運動性を有するとともに、西欧の多くの戦闘機が必要としていた特性をすべて備えていた(注、疾風が重戦の特性を完備しながら、日本機特有の軽快な運動性を兼備していることを指す)。

大戦中、疾風のほか多くの戦闘機は中島飛行機で造られており、軍用機の分野でもっとも生産量の多い会社であった――

と、紹介している。これは、いささか中島の宣伝めいて聞こえるかも知れないが、イギリスの航空機関係者の偽らざる日本戦闘機観であろう。

大戦中の戦闘機開発に関して、日本の多くの航空機関係者が考えていたのと同じことを、的確に指摘していると思う。

すなわち、日本は太平洋戦争初期には、隼といい零戦といい、軽戦ながらもその長大な航続力と軽快な運動性によって、米、英の戦闘機を大いに苦しめた。その後、重戦による一撃離脱戦法を経験し、軽戦の不利を悟って重戦の開発を急いだ結果、実戦に間に合ったのは陸軍では疾風、飛燕、五式戦であった。海軍にも紫電改と雷電があったが、その生産数は少なかった（これについては次節に譲る）。

イギリスは、日本戦闘機の軽戦から重戦への転身ぶりの鮮やかさと素早さをみて、戦闘機設計の技術水準は欧米諸国に劣らぬものであることを認めている。

私たちは、日本の戦闘機設計技術が国際的にいかなる水準にあったかを知ろうとしていたのに、それはかつての対戦国イギリスやアメリカの方がよく調べていて、逆に私たちの方が教えられる立場になってしまった。

思うに、遠く欧米諸国から離れた東洋の一角にあって、情報入手に遅れがちで重戦の開発では独、英に一歩遅れをとったが、素早く対応して独、英に劣らぬ重戦を開発した。しかし、それから先は資材不足、操縦者不足ｅｔｃ……で、敗戦の憂き目を見るにいたったのも、すべて国力の問題であるというしかない。

日本海軍の主力戦闘機

九六艦戦から零戦へ

翼面荷重グラフ（図3）が示すとおり、大戦中の日本海軍主力戦闘機の系列は、昭和十年の九六艦戦に始まって、零戦二一型、三二型、五二型と計四機種から成り立っていた。

一番手の九六艦戦については既述のとおり、日華事変で中国空軍を相手に大活躍したが、当時はまだ戦闘機の需要は少なく生産量一〇〇〇機足らずで、主力機の座を零戦に譲った。

この場合、陸軍の九七戦から隼に移行する場合のような経緯はなかった。その理由は、九六艦戦は九七戦より二年も古い戦闘機で、零戦とは四年もの開きがあり、最高速度において零戦とは八〇km／hもの差があった。

しかし、零戦も近接格闘戦では九六艦戦に対し、九七戦に対する隼同様に分が悪かったが、これだけの速度差があれば、いろいろな戦法で空戦の主導権が握れたし、武装についても七・七ミリ機銃二梃のほか二〇ミリ機銃二梃を備え、重戦なみの重武装で九六艦戦よりはるかに勝っていた。さらに、何よりも決定的な長所は航続力の相異であった。

当時、次第に奥地に後退する中国軍基地に対して、九六艦戦では航続力不足のため爆撃隊を掩護しきれず、そのためしばしば中国軍戦闘機によって大きな損害を出していた。前線からは航続力の大きな掩護戦闘機の要請がしきりと出されるようになった。それに応えて開発されたのが零戦で、落下タンクをつけて三〇〇〇キロを超える世界に類のない航続力を持つ戦闘機となった。

したがって、九六艦戦から零戦に移行する場合は、なんらの抵抗も起こらなかった。零戦は、一口にいって盛りだくさんの要求を、日本人独特の緻密さをもって調和よくまとめた、今次大戦における最高傑作機の一つとして認められている。

まず、性能において零戦は昭和十五年（一九四〇年）当時、世界の超一流機であり、武装は重戦なみでありながら、日本機特有の軽快な運動性を備えていたうえ、抜群の航続力をもつ汎用性の高い戦闘機であった。したがって、零戦ほど操縦者に信頼され、愛された戦闘機は少なく、終戦まで海軍は主力戦闘機を零戦一色で押し通した。

グラフを見ると零戦二一型から、三二型、五二型へと続いて終戦にいたっているが、これらを結んだ曲線は、陸軍の曲線とほぼ並ぶようにして、独、英機の曲線よりかなり下方を通り、三二型にいたって隼Ⅱ型と肩を並べている。

しかし、ここから二つの曲線は大きくわかれて、陸軍は一足跳びに疾風へと上昇し、独、英最後の主力機Ｂｆ１０９Ｇ型およびスピットファイア14型とほぼ並ぶにいたっている。

しかし、海軍は依然として零戦に執着し、わずかに翼面荷重をあげて五二型へと続いたまま低い位置に止まっている。なぜ、日本海軍だけがこんな数値になっているのだろうか。海軍も好んでこの道を選んだわけではなく、結果的にこうなってしまったもので、以下その経緯をたどってみよう。

重戦計画の遅れ

表14は、陸海軍の重戦開発に関して、設計開始から試作一号機完成までの所要期間を一覧表にし、合わせて終戦までの生産台数を比較したものである。

この表を見ると、わが国最初の重戦は陸軍の鍾馗であるが、半ば研究的に始めたものであり、制式採用を予期して本格的に重戦開発を始めたのは海軍の雷電《らいでん》が最初であった。海軍は、このほか表に示すとおり、紫電《しでん》、烈風《れっぷう》、紫電改《しでんかい》など数々の重戦を開発していた。

このうち雷電は、大型エンジンを搭載していたので、前方視界不良を解決するため延長軸

表14：日本戦闘機試作期間

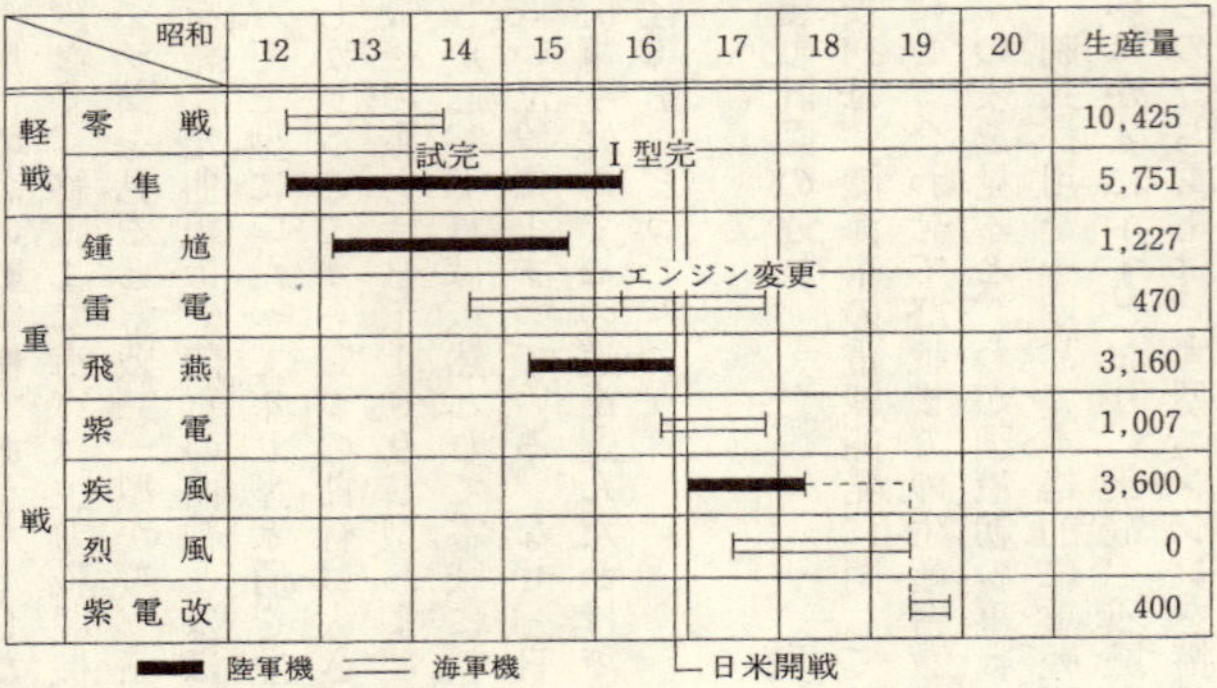

を用いて機体エンジン部先端を絞り、強制冷却ファンを取り付けるなど、なかなか意欲的な設計であった。

それでも視界は不十分であったほか、予定の速度が得られなかったので、性能向上したエンジンに換装したところ、激振と排煙に悩まされ、その対策に一年も費やしてしまった。

一方、当時前線では日米間の激しい戦闘が続き、戦闘機の消耗がはなはだしく、補給と改良の要請が絶えなかった。したがって、しばしば零戦の改良と補給業務が割り込み、それを優先させた結果、雷電の開発は順次後回しにされていった。

そんなわけで、日米開戦から二年も前に開発にとりかかりながら、終戦までにわずか四七〇機しか生産できなかった。

このほか、海軍は日米開戦の五ヵ月後、次期艦上戦闘機として烈風の開発を、同じく三菱に命じている。烈風はエンジンの選定で軍民の意見調整に手間取り、また雷電の場合と同様に零戦の改良にたびたび中断され、昭和十九年四月にようやく試作一号機を完成した。

しかし予定の性能が出ず、その原因が誉《ほまれ》エンジンの所定出力不足にあるとして、大型エンジンに換装して、一応満足すべき成果を得ることができたが、時すでに遅く空襲と工場疎開などで、試作八機を完成したところで終戦を迎えた。

三菱艦上戦闘機　烈風

これとは別に海軍は、疾風とほぼ同時期に川西航空機に命じて紫電の開発にとりかかっている。同社は三菱のような社内事情はなく、わずか一年で試作機を完成している。

もっとも、同機はすでに開発を進めていた水上戦闘機強風《きょうふう》を陸上機に改造したもので、それだけ設計の手数は省けたのである。ただし、紫電は水上戦闘機から出発し、中翼型であったため脚部が長過ぎ、しばしば引込脚機構のトラブルに悩まされた。そのため大改造を加え、低翼型にしたのが紫電改である。

しかし、その試作完了は昭和十八年の暮れ近くで、昭和十九年から終戦までの総生産数は四〇〇機であった。これに対し、零戦は同期内に、中島で約四〇〇〇機、三菱で約一六〇〇機の計五六〇〇機を生産している。

いかに性能その他が勝れていても、生産機数にこれだけの差があっては、到底零戦に代わって主力機とするわけにはいかなかった。

かくして、海軍は最後まで主力戦闘機を重戦に切り替えることができなかった。この点では、海軍の紫電改に対応する陸軍最後の戦闘機疾風は、同じ期間内に三三〇〇余機を生産し、隼に代わって主力機となることができた。

結局、海軍は重戦の開発を怠っていたわけではなく、日米開戦にかなり先行して取りかかっていたのだが、広大な太平洋を舞台とする各戦線において、物量を誇るアメリカ相手の激闘で損耗はなはだしく、零戦の補給や改良だけで手一杯となり、次期戦闘機を開発する余裕など無かったのが実情であったといえよう。

こうして、主力戦闘機は列強の中で唯一の一〇〇〇馬力級の零戦一筋で通さざるを得なかった。その裏には、量産可能な零戦に頼り過ぎたという一面があったのである。

零戦各型の変遷

次に、零戦の変遷ぶりを一瞥してみよう。

二一型に続く三二型は、エンジンを二速過給器付きに改め、高空性能を改善したほか、主翼端を切り詰め、急降下性能の改善を図っている。その結果、翼面荷重はグラフの示すとおり一二〇kg／㎡となり、隼Ⅱ型と肩を並べている。

しかし、このころになるとBf109はF型へ、スピットファイアは5型へと進んでおり、零戦との翼面荷重の開きはさらに広がっている。

系列の最後は五二型である。排気管を単排気管にしてロケット効果による性能の向上を図り、主翼外板の厚さを全面的に増やし、急降下時の制限速度を高めたり、七・七ミリ機銃一梃を一三ミリ機銃にするなど、武装強化を図っている。

一口にいって、可能な限り重戦化を試みたもので、翼面荷重はおよそ一三〇kg／㎡に上が

三菱零式艦上戦闘機21型

三菱零式艦上戦闘機32型

三菱零式艦上戦闘機52型

り、隼Ⅲ型（疾風の完成により試作のみ）と同じになっている。一〇〇〇馬力級のエンジンでは、性能、武装、強度などの兼ね合いから、翼面荷重はここらあたりが限度であろう。

かくして、海軍は一〇〇〇馬力級の軽量零戦をもって、群がり寄せる二〇〇〇馬力級のアメリカ重戦群を相手として、最後まで苦戦を強いられたのであった。

ドイツの主力戦闘機

メッサーシュミットとフォッケウルフ

独英開戦に際して、ドイツが用意した主力戦闘機はメッサーシュミットＢｆ１０９Ｅ型であったことは、既述のとおりである。五年半にわたる大戦中、Ｆ型、Ｇ型を加えた三機種で、ドイツの戦闘機系列は構成されていた。

それらを結ぶ翼面荷重曲線は、日本機やイギリス機に比べてかなり大きい。すなわち、Ｅ型の一六〇kg／m²に始まって、かなりの急上昇を続け、最後のＧ型にいたっては一九五kg／m²に達している。

このほか、フォッケウルフＦｗ１９０戦闘機も大量に生産しており、最後のＡ８型の翼面荷重は、Ｂｆ１０９Ｇ型より三二kg／m²も大きい二二七kg／m²になっている。ドイツの重戦指向が、いかに強いものであったかがわかるであろう。

次に、Ｂｆ１０９を開発するまでの経緯について述べてみる。Ｂｆ１０９の試作一号機が誕生したのは、九七戦より約一年早かった。三年あまりのテスト、改良、スペイン内乱での実戦テストなどを経て、昭和十四年（一九三九年）の初め、ようやく生産型としてのE型を完成した。試作一号機の完成から本格的生産の開始まで、三年あまりを費やしており、まことに慎重な仕上げぶりといえる。

メッサーシュミットBf109G型

昭和十一年（一九三六年）に、前述のスペイン内乱が勃発、翌年には航空戦が激化し、このうえない実戦テストの場に巡りあっている。

当時、まだ研究機時代とあって、応急対策としてユンカース・ユモ・エンジン搭載のB型、C型を送り込んでテストを試みた結果、ソ連のI-16の最新型を除く欧米諸国側が送り込んだすべての戦闘機に勝ることが実証された。そのI-16に対しても、かねて予定していたダイムラー・ベンツ・エンジンを搭載すれば勝算は十分との見通しをつけることができた。

その後、完成したダイムラー・ベンツを搭載したD型になった。さらに、矢つぎばやにエンジンの性能向上を行なうとともに、気化器に代えて燃料直接噴射装置を装着するなど、格段の改良が加えられてE型となった。

ドイツは、E型を得て初めて対英開戦に踏み切る決心がついたとまでいわれており、昭和十四年一月、開戦の約七ヵ月前にE型の本格的量産を開始している。このころ、わが国では隼と零戦の試作一号機が完成していた。

以上の経過をみると、開戦前のメッサーシュミットBf109保有機数は約一〇〇〇機で、そのうち八〇パーセントがE型であったという。それからさらに一〇ヵ月後の昭和十五年の夏、世にいう英本土航空戦が始まり、Bf109E型とスピットファイア1型の間で、息もつかせぬ死闘が一〇ヵ月にわたって続いたのである。

これを、わが国の時点でみれば、零戦が初めて中国戦線に参加したのとちょうど同じ時期で、隼はまだ審査中であり、日米開戦までにはまだ数ヵ月を残していた。

その後、グラフが示すとおり、さらに性能向上、改良が施され、F型、続いてG型となって、ドイツが降伏するまで生産が続けられた。大戦中の戦闘機のうち、G型より翼面荷重が大きかったのは、アメリカのP-51とフォッケウルフFw190の二機種だけであった。

なお、このフォッケウルフはわが国でいえば鍾馗のような存在であったといえる。本機は、低空性能に優れ、ドイツが守勢に回ってからは、本土防衛戦に相当な活躍をみせている。グラフの示すとおり、その翼面荷重はアメリカのP-51ムスタングについで大きい。

大戦中の昭和十八年に、フォッケウルフもまたわが国に輸入され、中島で組み立てられた。比較的新しい戦闘機で、メッサーシュミットの名声の陰にかくされていたせいか、あまりわれわれの注意を引かなかったが、ひととおり眺めた印象では、塗装のせいもあるが主翼外板など日本機にくらべて厚く、全体としてがっちりしていた印象が残っているだけである。

大幅な性能向上を可能にした液冷エンジン

以上をもって、ドイツの主力戦闘機系列に関する概要を終わり、次にその特色について一言触れてみる。

グラフを見てまず第一にいえることは、全体として翼面荷重が大きいことである。この点は、ドイツが常に攻撃型戦闘機を意図していたこと示している。

次に、わが国と異なる点は、液冷エンジンを用いていたことが大きな特色といえよう。液冷式エンジンは性能向上がしやすく、細かい点では、むずかしい問題をともなうが、原理的には気筒容積を増すのに同じシリンダーを後部方向に追加していくだけで済むので、比較的大幅な出力増大ができる。しかも、これによって機体の正面面積が大きくなるわけではなく、機体の方もあまり原型を変えることなしに性能向上ができる。

液冷式エンジン搭載のメッサーシュミットやスピットファイアが、原型をほとんど変えることなく、型式番号を変える程度の小改造で、比較的大幅な性能向上を続け、長い大戦を主力戦闘機一機種だけで通してこられたのはそのためである。

これが空冷式エンジンとなると、気筒の配列は最大二重星形一八気筒が限度で、それ以上気筒容積を増やすには気筒そのものを大きくしなければならない。その結果、エンジンそのものの直径が相当に大きくなるので、戦闘機の性能向上を図るうえでは、エンジンの変更にともなって機体も設計し直す必要が起きる。

独、英の戦闘機が、大戦中一貫して原型を保ち続けたメッサーシュミット、スピットファイアであるのに対し、日本陸軍では九七戦、隼、疾風というように設計自体を変えていかねばならなかったのはそのためである。隼のⅠ型、Ⅱ型、Ⅲ型のように、ほぼ原型のまま性能向上をしていった例もあるが、その性能向上は独、英のように幅広いものではなかった。零戦も同様である。

グラフで独、英の曲線が急上昇を続けているのに、隼、零戦の曲線上昇率が低いのはこのことを表わしている。

しかし、日本が空冷式エンジンを採用したのを失敗だったといっているわけではなく、空冷式には空冷式の長所が多々あり、液冷式には液冷式の短所も少なくない。

いわんとするところは、今次大戦のように戦闘機の重要性が高まり、その開発を急がれるとなると、空冷式と液冷式を搭載した戦闘機の間には前記のような相違があったということである。独、英とも液冷式を採用していったが、一方ではフォッケウルフＦｗ１９０のような空冷式を搭載した優秀機も造っている。

ドイツやイギリスは、消耗のはなはだしい近代戦は長くても四～五年が限度で、たびたび更新している余裕はなく、一機種の性能向上で済ます方がよいとの考えで、それなら液冷式エンジンが有利と考えたとも推測される。そうすれば、機体もある程度の改造だけでほぼ原型を保って量産していくことができ、生産転換もそれだけ容易になると考えたのであろう。

イギリスの主力戦闘機

防衛的性格をもったスピットファイア

ドイツがメッサーシュミットの開発に力を注いでいるころ、イギリスはもちろん黙って眺めていたわけではない。

昭和八年（一九三三年）、ヒットラーが政権を取り、十年に再軍備を宣言し、十二年には日独伊防共協定が結ばれるなど、国際情勢は日ごとに険悪の度を加え、独、英の衝突はもはや避けがたいものとなっていた。

そして、イギリスもまたドイツと同様の思考過程を経て、ドイツが攻撃をしかけてくるとすれば、空から以外にはないことを察知していた。

これに対処する道は、自国内での制空権を確保し、ドイツ機の侵入を阻止することであり、それが可能であれば国土の安全は保証できると考えていた。当時はまだ、戦闘機では阻止できないV2号ロケットは影も形も無い時代であった。

このような情勢のもとに、当時アメリカを除く世界のトップを争う二つの技術大国が、国運を賭けて持てる技術の限りをつくして開発したのが、Bf109であり、スピットファイアであった。したがって、この二つの戦闘機は優劣をつけがたかった。ある意味では、むしろ当時、世界でもっともよく似た戦闘機であるといってもおかしくないだろう。

しかしながら、一方は攻撃的性格を持つ戦闘機、もう一方は防衛的な性格を持つ戦闘機であり、基本的な姿勢の相違に基づくそれなりの特色を持っていた。それが、グラフのうえでは翼面荷重の相違となって表われている。すなわち、イギリスは数において勝る相手に対しては、一機一機が効率よく働くことが必要である。それには、相手に勝る旋回性能を備え、小回りの利いた方が有利と考えた。

また、イギリスは元来、〝格闘性〟を重視するお国柄で、旋回性に重点をおく設計方針をとっていた。

幸いに優れたロールスロイス・マーリン・エンジンを造っていたので、スピットファイアにメッサーシュミットに劣らぬ性能を持たせたうえ、余った馬力に応じて翼面積を大きめに選定し、翼面荷重を抑えて余った馬力で旋回性をよくし、さらに武装強化にも力を注ぎ、八梃の機関銃あるいは四門の機関砲を主翼に装備している。そのために二種類の主翼を製作し、銃または砲を装備したまま、そっくり交換ができるようにしていた。

余談になるが、ロールスロイス・エンジンについては、先輩から次のような話を聞かされた。日本がこのエンジンを購入しようとしたとき、イギリスはこれに対しエンジンと同じ重量の銀の価格を提示してきた。当時、日本はすでに満州国建国などの問題で英、米から注目されており、イギリスは日本が将来危険な存在になるとみて、輸出禁止的な価格をつけ、体よく断わってきたらしいと。また、別の見方をすれば、このエンジンは事実その価格に相当するぐらいの開発費がかかっていたのかもしれない。

日本は、やむなくドイツからダイムラー・ベンツの製造権を買って、液冷式エンジンの開発を図ることになった。飛燕は、国産のダイムラー・ベンツを搭載している。

一機種で戦い抜いたイギリス

スピットファイアは試験飛行の結果は上々で、大きな設計変更もなく、三ヵ月後には早くも1型が制式機に採用され、ただちに数百機の注文を受けている。

スーパーマリーン・スピットファイア９型

先に誕生したＢｆ１０９は、まだようやくＢ型に移ったばかりで、実験機の段階を脱していなかった。続くＣ型、Ｄ型を経て本格的量産機Ｅ型を完成したのは、それから一年半も後のことであった。ドイツは、本命とするダイムラー・ベンツが開発途上であったこともあるが、仕上げには念には念を入れて、時間をかけるお国柄のようだ。

これにくらべると、イギリスは企画、設計の段階から入念に練りあげる方式なのかも知れず、それぞれのお国ぶりがあるようで、共通していえることは、発想から試作完了まで多くの時間をかけている。

新しい機械の開発では世界のトップをゆくイギリスも、試作を完了していざ生産となると、まことにスローモーで常にアメリカに先を越されてしまう。技術屋の間では、イギリスはアメリカの試作工場だなどといわれるのはそのためである。

民主主義が発達し過ぎると、何をやるにも多数決によらなければ先へ進まず、議論にも時間をかけ過ぎるきらいがあるようだ。

スピットファイアの生産命令が出てから約四年後に、英本土航空戦が始まった。その当時、ドイツが英仏海峡沿岸地区に集結させたメッサーシュミットBf109E型の機数は約八〇〇機であったのに対し、イギリスがロンドン防衛にかき集めた戦闘機は七〇〇機、そのうちスピットファイア1型は約三〇〇機、その他はホーカー・ハリケーンなどであった。

空襲中でも、時間になると防空壕の中でいっせいにティータイムをとるというお国柄で、仕事にかかるのが遅い。大戦中は、アメリカから戦闘機の供与を受けられるという安心感があったのだろう。

日米開戦に当たっては、日本でさえ零戦を五〇〇機以上準備していたというのに、いかにもイギリスらしい話である。

その後、グラフの示すとおりスピットファイアは、2型、5型、9型、14型と更新されていった。この五機種からなるスピットファイアの系列を主力機として、イギリスは大戦を戦い抜いている。

昭和十六年（一九四一年）六月、独、ソが戦端を開くと、ドイツ軍主力はいっせいに東部戦線に転用され、イギリス本土空襲は中断した。これを契機に連合軍の大陸反攻の気運が高まりだし、このころからスピットファイアは攻撃型に転じたらしく、グラフ上では5型から急速に翼面荷重を上げ始めている。

以上、イギリスの戦闘機の系列は、ドイツ機と同様に液冷式エンジン搭載のスピットファイア一機種で、長い戦争を戦い抜いている。

大きな傾向としては、翼面荷重曲線の示すとおり、大戦初期には守勢の立場上、翼面荷重を比較的低目に抑え、中期以降の攻勢期になると急速に高翼面荷重に転じており、戦況をよく反映している。

アメリカの主力戦闘機

先に述べたとおり、アメリカはドイツや日本にくらべて、領土、資源、人口などすべての点で比較にならない大国で戦闘機の種類も多く、そのすべてをとりあげることは困難である。しかし、わが国の主たる対戦国であるから全然とりあげないわけにはいかない。

そこで、アメリカの数ある戦闘機のうちもっとも優れていて、最後までわが軍を悩ました戦闘機として、海軍のグラマン・キャットシリーズと陸軍のノースアメリカンP-51シリーズを同じグラフ上で比較してみる。

グラマン戦闘機

まず、海軍のグラマン戦闘機から始めてみよう。太平洋戦争中に、米軍の一番手として現われたのはグラマン戦闘機シリーズのF4F-3ワイルドキャットであった。グラフをみると、同機は隼I型、零戦二一型、Bf109E型とほぼ同じころ生まれた、いわば同期生である。

その翼面荷重は、ドイツ機と日本機との中間にある。これはおそらく偶然の結果で、当時(昭和十三、四年ころ)のアメリカは、まだドイツや日本のように、特に重戦とか軽戦を意識して翼面荷重を決めていたわけではなかったろう。たまたま開発の成り行きの結果が、この

グラマンＦ４Ｆワイルドキャット

グラマンＦ６Ｆヘルキャット

グラマンＦ８Ｆベアキャット

翼面荷重に落ち着いたものと思う。

Ｆ４Ｆは、零戦二一型に比べて性能面では大差なく、翼面荷重が高かっただけ空戦になると旋回性に劣るため、零戦に対して分が悪かった。

シリーズの二番手は、グラマンF6Fヘルキャットである。この間に三年あまりの開きがあるが、多種類の戦闘機を持つアメリカは、その間の中継ぎに事欠くようなことは無かった。F6Fは、同じころ更新された零戦三二型にくらべ、出力が二倍近い二〇〇〇馬力級エンジンを備え、翼面荷重は一八六kg／m²に達していた。

この結果、グラフに見るとおり各国最後の主力戦闘機であるBf109G型、スピットファイア14型、疾風と翼面荷重は肩を並べ、グラフの太線で囲った大戦末期の戦闘機の標準的翼面荷重の範囲内に収まっている。

グラマン・シリーズは、その後二四〇〇馬力のエンジンを搭載したF8Fベアキャットを開発、生産したが、戦列に加わる前に戦争は終わってしまった。したがってグラフには載せていない。

イギリスが採用したムスタング

次に、米陸軍の大戦後半の主力機P・51ムスタングについて述べる。この戦闘機は、今次大戦の最高傑作機といわれているが、その誕生の過程はいささか変則的であった。

日米開戦の約二年前の昭和十四年（一九三九年）、ヨーロッパでは第二次大戦が始まっていた。ドイツ空軍の活躍には目を見張らせるものがあり、その矛先がやがてイギリスに向けられることは必定で、イギリスはこれに対抗する戦闘機不足に悩んでいた。同年暮れ、英空軍は戦闘機購入使節団をアメリカに送り、ノースアメリカン社を訪問した。

同社は、かねてイギリスの戦闘機不足を予測してか、新型戦闘機の設計を完了して待っていた。この新設計機について具体的に詳しく説明し、さらに受注後四ヵ月以内に試作機を完成させる用意がある旨、力説した。

あり余る国力に物をいわせて、戦闘機も馬力と数で相手を押しまくろうとする米国と異なり、すでに実戦の経験をもつ英空軍はさすがに目が高く、この戦闘機の持つ数々の特性と生産能力に魅せられて、試作期間四ヵ月の条件つきで発注した。

試作一号機は、日米開戦約一年前の昭和十五年十一月に予定どおり完成、試験飛行を行なった結果、この戦闘機の優れた素質が明らかとなり、早速六二〇機を発注し、ムスタングIの名称をつけた。そのうちの二機は、米陸軍に引き渡されたが、陸軍はおざなりのテストをしたのち、その優秀性を見出すことなく、長い間格納庫の片隅に放置していた。

このような例は時として起きるものである。ましてや、多種類の戦闘機を持つアメリカでは起こりがちなことであったろう。

わが国の例では、軽戦として優れた九七戦を捨てきれず、隼は一時不採用の烙印を押されるところであった。しかし、長距離戦闘機としての特性が認められ、緒戦において九七戦や鍾馗では成し得ない戦果をあげたことは既述のとおりである。

ムスタングの場合は、米陸軍と英空軍の間の面子の問題もあったのか、あるいは米陸軍の単なる見落としだったのかは不明であるが、イギリスはムスタングにとって、生みの親とはいえないが、育ての親とはいえるであろう。

地上攻撃に活躍

グラフを見ると、同機の翼面荷重はシリーズ最初のA型ですでに二〇九kg／㎡に達し、当時としてはメッサーシュミットBf109F型にくらべて四〇kgも大きく、零戦二一型や隼I型の二倍に近い。

英空軍のノースアメリカン・ムスタングI

それから約一年後の昭和十六年夏、A型は英本土に空輸され、英空軍はさっそく英国式の装備を施し、試験飛行を行なって良好な成績を得た。その結果、英空軍は非常に満足し、実戦に投入することとした。

P-51のただ一つの弱点といえば、アリソン・エンジンでは上昇力と高々度性能が不十分なことであった。しかし、低空性能は抜群で運動性に優れ小回りが利くので、本機を地上支援に使用し、ドイツ地上部隊、輸送機関、通信網、物資集積場などを手当たり次第に攻撃し、ドイツ軍を震えあがらせた。

また、ムスタングはその優れた低空性能と小回りの良さにくわえ、航続力が大きいので偵察機に改造し、フランスの大西洋沿岸地域の偵察任務に使用した。

続いて、イギリスは活用の幅をさらに拡大し、機体の頑丈さと運動性のよさに目をつけ、急降下爆撃機としても使うことにした。主翼上下面にエアブレーキを装着し、垂直に近い急降下と低空離脱を容易にしたので、命中精度が非常によく、ドイツ軍にとっては大きな脅威となった。

このイギリスにおける活躍が伝わると、米陸軍もようやくムスタングの優秀性を認め、制式機として採りあげることになった。

こうして、この戦闘機の優れた素質は、小改造を加えるだけで各種の用途にも適合する点きわめて好評であった。しかしながら、戦闘機としてもっとも重要な爆撃隊掩護の任務にだけは使用されなかった。爆撃隊掩護には、その上空に位置して飛行する必要があったが、ムスタングA型は前述のとおり高々度性能が不足で、掩護戦闘機には向かなかったためであった。

エンジンを換装して爆撃機掩護の切り札に

昭和十六年六月以降は独ソ開戦によって、ヨーロッパの主戦線は東部戦線に移っていた。イギリスは、ようやく一息入れることができ、陣容の立て直しを図り、アメリカと協力して大陸への反攻開始を決意した。そして、まずドイツ占領下の大西洋沿岸のフランス領土内に散在するドイツ軍基地を爆撃することから始めることとなり、爆撃隊掩護の戦闘機が必要となった。

最初はスピットファイアが選ばれたが、同機は高空性能、戦闘性能共に優れていたが、航続力が短いので掩護範囲は大陸沿岸地域までに限られていた。

そこで、スピットファイアに代えてアメリカのリパブリックP‐47サンダーボルトが選ば

リパブリックP－47サンダーボルト

れた。同機は、高々度性能に勝れ、やや鈍重のきらいはあったが、ベルリンまでは届かなかったので、途中で掩護を打ち切り、ベルリン攻撃は爆撃機だけで強行するしかなかった。一方、このころドイツは戦闘機増産が進み、反撃体制が整っていたので、掩護戦闘機のない爆撃機は、その都度大損害をこうむり、連合軍は一時爆撃回数を減らす始末であった。

この状況は、日華事変における日本海軍爆撃機が、奥地攻撃に当たって掩護戦闘機をともなわず、中国軍戦闘機によってしばしば大損害をこうむったのと同じであった。その対策として、航続力の大きい零戦投入でこの問題は解決された。

これと同様に、連合軍が最後の切り札として採用した対策もやはり同じで、ドイツ側が想像もしなかった大航続力の戦闘機をもってきた。それがムスタングである。

しかし、ムスタングを爆撃隊の掩護機にするには、改善しなければならないいくつかの問題点があった。それには、まず高空性能向上が第一の条件であった。その改善策として、アリソン・エンジンを高空性能に優れ、出力も最大で二〇パーセントも大きいロールスロイス・マーリンに換装することを考えついた。さっそく、その実験を試みた結果、大成功を収めた。

この結果は、ただちにアメリカにも報告され、アメリカではかねてからパッカード社がマーリン・エンジンの製造権を保有し、すでにV-1650-3型を生産していたので、これを搭載してP-51の追試験を行なうことになった。ラジエター回りを改造した試験機が完成したのは昭和十七年（一九四二年）十一月でP-51B型とよばれた。疾風の試作機完成より四ヵ月ほど前であり、結果は上々で高度九〇〇〇メートルで最高速度七二九km／hの速度記録を出している。（注、疾風が、米軍のテストで高度七〇〇〇メートルで最高速度六八八km／hを出したことは前に述べたとおり）

この性能と優れた運動性、三五〇〇キロにおよぶ航続力を備えていれば、英本土を基地として、ドイツ領内のどこへでも爆撃隊の掩護が可能となった。（注、零戦と隼の最大航続力はいずれも三二〇〇キロであった）

以上のようなムスタングの成長の経緯を考えると、いよいよもってイギリスはムスタングの育ての親といってよいであろう。

連合軍に勝利をもたらしたP-51

ムスタングB型は、さっそく生産に入った。C型はB型と同一機体で製造工場の相違を表わした呼称である。

そして約一年後の昭和十八年末から、英本土を基地としてB-17爆撃隊掩護の任務についている。十二月には、ムスタング掩護下の最初のドイツ本土爆撃が行なわれた。その後、爆撃はつぎつぎとベルリンを取り巻く諸都市におよび、翌年三月には、いよいよベルリン爆撃を開始した。これはB‐29の東京地区爆撃より八ヵ月ほど早かった。以来、ベルリン空襲は日ごとに回数を増していった。

ノースアメリカンＰ－51Ｂムスタング

ノースアメリカンＰ－51Ｄムスタング

当時、ムスタングB型の保有機数が十分でなく、数のうえではサンダーボルトが主力となっていたが、ベルリン往復はできないので爆撃隊の帰途を掩護する役に回っていた。

ベルリン空襲では、その都度激戦が演じられ、両軍ともに航空機の消耗ははなはだしいものがあった。ドイツは、ベテラン操縦者を多数失っていったが、こればかりはすぐに補充できず、操縦者の練度は急速に低下していった。

そのためでもあろうか、メッサーシュミットもフォッケウルフも、空戦ではムスタングに対して分が悪くなった。さらに、当然のことながら、戦闘機生産量も急速に減少していった。

これにくらべて、連合軍側はムスタングの生産がいよいよ軌道に乗り、機数も十分ゆきわたり、型式もシリーズ最後のD型に移行していった。

D型は、B型の大きな欠点であった後方視界を改善するため涙滴型風防に改造、馬力アップしたエンジンに換装、一三ミリ砲六門に変更して武装を強化したもので、その翼面荷重は、ついに二五〇kg/㎡を超過した。

こうして、戦闘機数、操縦者を含めた航空部隊要員の質の向上などで、両軍の力の差は急速に開いていった。かくて、ドイツ空軍基地はどこまでも攻撃してくるムスタングによって本土東部にまで追いつめられていった。

そして、ベルリン初空襲から三ヵ月後の六月には、連合軍のノルマンディー上陸作戦が敢行されたが、もはやこの地区へのドイツ空軍の反撃はほとんど見られなかった。さらに、二週間後にはムスタングの掩護によって、連合軍爆撃隊はドイツ本土を横断してソ連領土にいたる大移動作戦を実施し、ドイツを東西から挟撃する準備を整えた。

これは、物量を誇る超大国アメリカの航空機生産能力がドイツの空を制圧したことの証明である。その後、ドイツは空陸からの攻撃に敗れ、昭和二十年（一九四五年）五月、ついに連合軍の軍門に降った。

そして、それから三ヵ月後、わが国もまた戦闘機の不足から本土を含む各戦域で制空権を失い、定石どおり米空軍の爆撃のもとに敗戦の止むなきにいたっている。

今次大戦随一の傑作機P‐51に敬意を表し、思わず記述が長くなってしまったが、ムスタングの活躍の跡をたどってみると、今次大戦の連合軍勝利の要因は、ムスタングによってもたらされたといっても過言ではない。少なくとも、ムスタングによって勝利が促進されたことは否定できないと思う。

おわりに

これをもって私の戦闘機回想記を終える。第二次世界大戦中、わが国の戦闘機が世界の戦闘機の中でどんなレベルにあったか、みずから確かめてみたいと思って始めたことであり、要約すれば次のとおりである。

近代戦は制空権をとった方が勝者となる。この定石に従って、列強は挙げて優れた戦闘機の開発にしのぎを削った。その結果、戦闘機は急速な進歩を続け、つぎつぎと更新されていったので、一機ごとに比較することは、はなはだ困難である。多数の戦闘機を一挙に比較する一つの便法として、翼面荷重と開発の年度を縦横の座標として、大戦中の戦闘機のすべてを共通の座標上に位置づけてみた。

前にも述べたとおり、戦闘機の優劣は多くの要素によって左右される。これらの諸要素を用いていろいろのグラフを作ってみたが、重要な意味を豊富に含んでいる点で翼面荷重グラフ（図3）にまさるものはなかった。たとえば、軽戦が重戦に変わってゆく経緯、その重戦化の度合いが急速に増大し、各国の主力戦闘機の翼面荷重が終戦時には、ほぼ同じ程度まで増加していること、また各国の主力戦闘機の更新の回数など、このような事実は、図3のようなグラフによって初めて把握できるものと思う。翼面荷重だけで優劣を決めるわけにはいかないが、こうして作ったグラフ上の各国の戦闘機の位置関係から、各国の戦闘機に対する考え方や進歩の緩急などの一端を推測することができると思った。

戦闘機は重戦になって急速な進歩を遂げた。大戦の初期には、独、英の主力戦闘機はすでに重戦になっていたが、日本機はまだ軽戦のままであった。しかし、日華事変から太平洋戦争の前半までは、それはかえってわが方に幸いした。この間は世界無比の軽戦を駆使して、連合国空軍を顔色なからしめた。

しかし、軽戦はすでに進歩の限界に達していた。米国がその持てる国力をフルに発揮して新しい重戦をつぎつぎと開発して繰り出してくるようになると、戦況は次第にわが方に不利となってきた。急速に進歩した重戦による高位からの一撃離脱戦法に対しては、軽戦は太刀打ちできなかった。

わが国もかねてから戦闘機進歩の趨勢を察知し、主要航空機メーカーのすべてを動員して重戦の開発を急いだが、まとまった機数の生産が行なわれて主力戦闘機にとって代わることができたのは疾風だけで、雷電と紫電改は生産量が不足のため零戦にとって代わらせることはできなかった。

疾風は質的にも優れた戦闘機であった。戦後における連合国の調査結果は、性能、強度、火力、防弾性などすべての点で欧米の一流機に匹敵し、日本でもっとも優れた戦闘機として高く評価している。そうはいいながら、その反面、日本の航空機工業を評して、機体技術は対等であるが、エンジンは三年以上、プロペラは五年以上遅れているとも評している。その他の分野に関しては推して知るべしである。

これらを総合して判断すると、わが国は総合的な設計面においては独、英、米と肩を並べるにいたっていたが、これを支える機能製品においては相当遅れていたということであろう。

それはともかく、わが国は疾風が間に合ったことによって独、英、米に追いつき、肩を並べるまでにいたっていたと評価されたものと思う。

しかしながら、戦争も終盤に近づくにつれ、材料の品質低下、熟練工の不足などによって、疾風の品質もしだいに低下していたうえ、前線では新型機種に対する整備員の不慣れなどもあって、稼動率は大きく低下していた。さらに大きな問題は、熟練操縦士の減少により、その平均錬度は著しく低下してしまった。

以上の諸問題はすべて国力の差によるもので、結局、日本は戦闘機の不足から、本土の制空権を確保できず、B-29の爆撃下に蹂躪され、定石どおり敗れ去るしかなかった。結局、日本は国力を使い果たして、米国の物量の前に屈したのである。

わが国の戦闘機進歩の足どりはおよそ以上のとおりで、これによって国際水準がどの辺にあったか、読者のご判断にお任せしたい。

大戦が終わって半世紀が経過し、科学技術の発達には目を見張るものがある。特に大戦によって加速された航空技術の発達は、人間が生まれ育って進化してきた地球を脱出し、月まで飛んでいく時代となった。

しかしながら、大戦の花形として活躍したプロペラ式戦闘機に対する私のノスタルジアは今もなおつきない。列強の設計者たちが全知を傾けてデザインした美しい流線型による造形は、たがいに過去に交わされた死闘を忘れさせるものがある。今日販売されている航空機のプラモデルでも、あの時代のものがいちばん売れているという事実に納得できるのは、私だけではないと思う。

第二部——主任設計者の回想

キ-一一五「剣《つるぎ》」誕生秘話

三鷹研究所の発足

私は、キ-一一五「剣《つるぎ》」の主任設計者である。

この飛行機は、その設計の真意が理解されないまま、はじめから特攻を意図して制作された飛行機として、戦後いろいろと批判を受けている。

したがって、この飛行機が問題にされる点は、技術上の極端な省略と見かけの粗末さもさることながら、これを造った動機にあった。

本機は一部の人がいうように、最初から特攻用として造った飛行機では決してなかった。

いまごろになってこのような話を持ち出したのは、これも太平洋戦争を綴るささやかな歴史の一駒として、その真相を明らかにしておくことが、私の義務と感じ、老骨に鞭打って一筆執った次第である。

キ-八七設計チーム移転

戦局が次第に険しさを加えてきた昭和十八年（一九四三年）の秋、われわれ「キ-八七」

の設計チームは、太田製作所設計部の先遣部隊として、当時建設の始まって間もない三鷹研究所に転出した。

この研究所は、将来中島の総合技術センターとする意図の下に建設されたと聞いていたが、とりあえずは試作工場として使用されることになった。

西は多磨霊園、南は調布飛行場に隣接し、面積約六〇万坪の広大な用地が充てられていた。偶然にも、昭和十六年十二月八日、日米開戦と同じ日に鍬入れの式が行なわれ、約二年を経た昭和十八年秋には、まだ武蔵野の名残りをとどめ人家が四、五軒点在する中に、木造二階建ての建設事務所が一棟ポツリと建っているだけであった。

われわれは、とりあえずその二階に陣取って仕事を開始した。ここでの任務は、当時まだその名さえ知らなかったB-29を迎え撃つための排気タービン過給器付高々度戦闘機キ-八七を設計、試作することであった。

基礎設計はすでに太田で済ませてきていたが、住宅事情がままならぬ時代であったため、人数はできるだけ絞って、設計の直接要員は六〇人程度に過ぎなかったと記憶している。しかし、いずれも九七戦以来、隼《はやぶさ》、鍾馗《しょうき》、疾風《はやて》など、中島の伝統的戦闘機の設計を手がけた手慣れた連中ばかりであった。

工場建設進む

一方、工場建設の方はわれわれの進出に刺激されてか、一段と活発になってきた。われわれは、設計本館のコンクリート打ちやスパンが五〇メートルを超える巨大な組立工場の梁が、

三鷹研究所。左方のＥ字形の建物が設計本館（写真提供：国際基督教大学）

一本ずつ組み上げられていくのを眺めながら仕事を続けた。

そして、年を越えた春ごろであったと記憶しているが、まず鉄筋三階建ての設計本館が完成して、われわれはそこに移った。これに続いて組立工場も完成し、試作工場の大部隊をはじめそれぞれの部門が移転してきて、ようやく活況を呈してきた。昭和十九年もようやく初夏を迎えようとするころであった。

結局、この研究所は設計本館、組立工場、発動機工場の一部を完成したところで終戦を迎えているが、戦時中この研究所が果たした仕事は、キ-八七およびキ-一一五（剣）の設計と試作機の完成であった。

戦後は一時期、設計本館には米軍が駐留した。その後、米軍が引き揚げると、全体は分割されていくつかの法人に売却され、その内の設計本館と組立工場を含む部分は、現在、国際基督《キリスト》教大学となっている（設計本館は現在も大学本館として使われている）。また、エンジン工場を含む部分は、現在、富士重工業の工場として使われていた。その他の部分は、暫定的にゴルフ場として使用されていた時期もあった。

こうして、この研究所は大きな戦禍を受けることなく、当時の建物はいまもなお一部が存続して使用されている。

設計室勤労学徒たち

いつのころからか、勤労動員による学生が配属されるようになり、設計室も次第に賑やかになってきた。

中学生ぐらいの少年、少女たちから、高等学校級の男性や女性もいた。男子学徒は、すべて理工系の人たちで、女子学生でも上級生徒は部品図を引くのに役立った。また、太田製作所から転出の際、女子はすべて残してきたので、図面の複写、保管、その他の管理業務には、女子学徒が当たってくれた。

しかし、そんなことよりも、女子学徒はこの世間から切り離されたような殺風景な男世帯に、一脈の薫風を吹き込んでくれた効果は大きかったと思う。厳しい戦時下にもかかわらず、若者たちはそれなりに新しいムードを作り出して、気持よく仕事に励んでくれた。

こうして、キ-八七の設計は思いのほか順調に進んだ。

一方、製造部の方もいよいよ本格的に作業を開始し、研究所の仕事はようやく全面的に軌道に乗ってきた。

そんな矢先、太田では超重爆富嶽《ふがく》の開発が中止となり、設計部は解散になったという知らせが入った。戦局の推移から判断して、これから設計を始めるのでは、何をやっても間に合わないと見極めをつけたのであろう。

三鷹にはなんの指令もこない。そのままキ‐八七の試作は続けられ、数ヵ月後の秋も深まるころ、一号機は次第に形を見せはじめていた。

発想の原点

B‐29の来襲

秋も深まったある日、抜けるような青空を背景に見慣れぬ白い大型機が一機、非常な高空を北東に向かって飛んでいった。そのときは気にもとめなかったが、その後数回、この飛行機を見かけることがあった。

これより先、アメリカのある大型機が同国の西海岸からオーストラリア大陸まで、無着陸飛行に成功したというニュースを新聞で読んだことを思い出した。われわれは、それと同じ飛行機が偵察にきているのではなかろうか、などと噂しあっていた。戦後、その飛行機こそ偵察機型のB‐29であったことを知った。

それから間もない十一月二十四日、B‐29が現実に東京の空に現われた。澄み切った秋の青空を背景に、一〇機ほどの編隊でわれわれの真上を北東方向に飛び去った。これが第一回目の東京空襲であり、目標は中島の武蔵製作所であった。

防空壕の入り口に立って、初めてこの飛行機を見たとき、とっさにB‐29だと思った。紺碧の秋空を背景に、細長い翼を精一杯左右に伸ばした銀色の四発機を見上げたときは、敵も味方もなくただ美しい飛行機だなと思った。

アメリカは、日本の急所をよく調べていた。三鷹研究所の北東約五キロ先には、わが国最大の航空機用エンジン工場武蔵製作所があった。

武蔵製作所は、陸軍機用の武蔵野製作所と海軍機用の多摩製作所が隣り合っていたのを、一つにまとめて武蔵製作所と改称したものである。当時中島は、このほかにも大宮、浜松にエンジン工場を新設中であった。太平洋戦争中の主力戦闘機である陸軍の隼、鍾馗、疾風、海軍の零戦、紫電改のエンジンは、すべてこの工場で一手に生産されていた。

近代戦では、制空権を確保すれば勝ったも同然といわれた。したがって、発電所や製鉄所を爆撃するよりも、航空機用エンジン工場を潰すのがもっとも手っとり早い。米軍は、サイパンを手中にして東京を爆撃圏内に収め、最初に決めた爆撃目標がこの武蔵製作所であったことは、戦後のアメリカ文献で知らされた。

また、前述の白い偵察機によって、その位置を正確に把握していたのである。以後、この工場は集中爆撃を受けて、建物は全壊し、多くの死傷者を出している。

第一回の爆撃後、われわれの設計本館には、武蔵工場から運びこまれたエンジン部品が階段の裏や廊下の隅々に、たちまちのうちに山積みとなった。いずれはここも狙われるとわかっていても、とっさの場合のやむをえない処置であった。

B-29の爆撃は、次第に規模と範囲を拡大してきて、東京に来襲するB-29は、しばしば研究所の上を通っていった。そしてわれわれは、しばしばB-29と日本の戦闘機の空戦を見

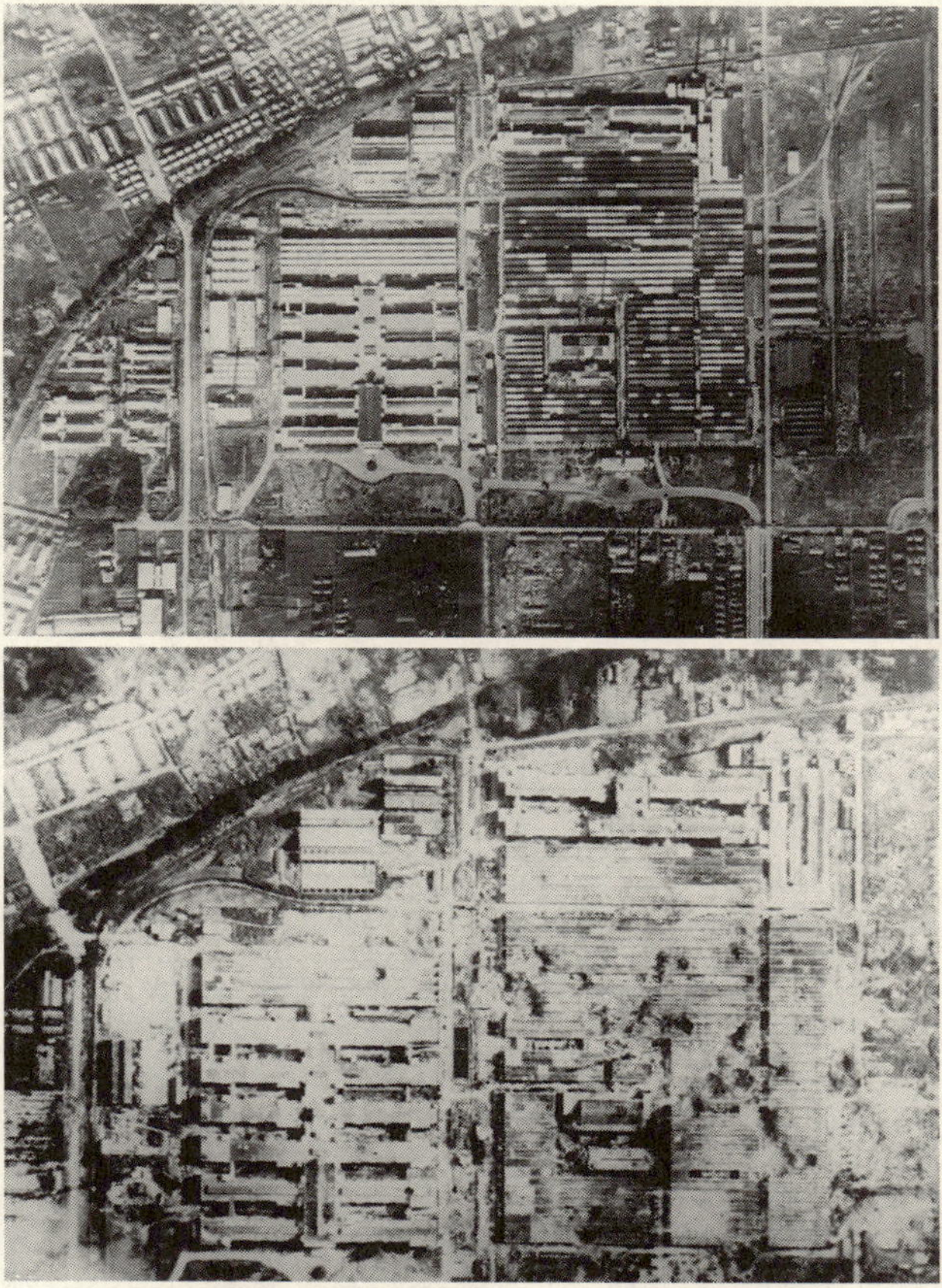

米軍偵察機撮影の日本最大の航空機用エンジン工場、中島飛行機武蔵製作所。上は空襲前、下はＢ－29による爆撃後の状況。（写真提供：ＵＳＡＦ）

た。B‐29の数が増していくのに反して、日本の戦闘機の姿は次第に減っていく。首都の防空戦闘隊でさえこの有様ということは、明らかに戦闘機不足を物語っている。第一線機の生産さえ間に合わないならば、われわれが現在手がけているキ‐八七をはじめ、現在各社で開発中の十指に近い戦闘機は、もはや役に立たないことになる。開発中の戦闘機は、試作が完了しても、そのテスト、手直し、生産、訓練の過程を経なければ戦力化できず、それには最低一年以上かかる。戦闘機を手がけた者ならば、だれでも知っていることである。

明らかに、アメリカの進攻作戦は、日本が予想した以上に早まっているに違いない。そう考えると、われわれのいまやっているキ‐八七も、到底間に合うとは思えない。だれも口には出さないが、思いは同じであったと思う。

防空戦闘隊将校の話

B‐29の爆撃が始まったころの話である。この研究所の南に隣接する調布飛行場の防空戦闘隊の若い将校が、二、三人で訪ねてきたことがあった。まだ二〇歳をいくらも超えていない、人懐っこい若者たちであった。

きょうはB‐29の定期便もお休みだと、軍側では予想がつくのであろう。しかし、任務上持ち場を遠く離れるわけにもいかないらしく、同じ飛行機に縁のあるわれわれの所に、隣組という気安さもあって、つかの間の気晴らしに遊びにきたらしい。

集会所の一室で、配給酒をすすりながら語るうちに、話は自然にB‐29に集中した。東京地区に来襲するB－29は、伊豆半島先端に設置されたレーダーによってキャッチされる。しかし、一般市民への警戒警報は、それから三〇分後に発令されるとのことである。戦闘隊の方は、発見と同時に発進する。戦闘機は飛燕《ひえん》であった。

B－29迎撃に出動する調布基地の三式戦闘機飛燕

B－29は排気タービン過給器を備えており、高空性能に優れている。飛燕は、四門の機関砲を一梃だけに減らし、携行弾数は五〇発、そのほか可能な限り装備を外して減量し、人間でいえばふんどし一本に脇差し一本の落とし差しといった軽装で、発見と同時に飛び立つ。そうしなければB－29の上方には出られない。

毎回、B－29の進入コースはほぼ決まっているので、その上空で待機し、上位から急降下攻撃をしかけて、一気に全弾を撃ちつくし、後は編隊の間をすり抜けて帰還するしかない。二次攻撃をしかける余力などまったくないという。

そう語りながら、まくって見せた腕には、高度に耐えるための注射の跡が点々と見られ痛々しい。もっと性能のよい戦闘機が欲しいと訴えられているようで、こちらは耳が痛い。

最後に、こんな話をしていった。それでもわれわれはい方です。前線に近い小さな基地では、赤トンボで特攻に飛び立っているそうです。あんな飛行機で出撃するのは、ただ死ににいくのと同じです――。

当時、飛行機仲間では赤く塗った複葉型練習機のことを、「赤トンボ」と呼んでいた。おそらく台湾あたりの錬成飛行隊の赤トンボを特攻出撃させたのかもしれない。偶然耳にしたこの日の話は、その場にいたわれわれの心を強く打つものであった。

われわれは、改めていまの立場を振り返ってみた。B‐29は連日のように日本のどこかにやってくる。これは阻止できる戦闘機がまったくないわけではない。疾風や紫電改の数がそろえば、B‐29にこんなに勝手なまねはさせないでもすむであろう。しかし、現実はこの有様で、これらの戦闘機を首都防衛にまわす余裕さえない状態である。防空戦闘隊でさえこの状況では、まだ試作一機が完成したばかりのキ‐八七を戦力化する見込みなどあるわけがない。

キ‐八七には、新開発の重要機能部品をいく種類も使用する予定になっていた。まず、離昇馬力二四五〇馬力という強力なハ‐四四エンジンがある。さらに排気タービン過給器、口径三〇ミリの機関砲もある。これらの製品の完成が一つでも遅れれば、キ‐八七の完成もそれだけ遅れることになる。

これらの製品が予定どおりに完成し、試作機が完成したとしても、それからテストを重ね必要な手直しをして、生産に移るまでには、いくら急いでも一年以上はかかるだろう。さらにこれを生産し、操縦者の未修教育を行なって初めて戦力化されるのである。

これ以上、キ‐八七に未練を残して設計を続けていることは、単に開発に名を借りて設計

中島キ－87の試作1号機。機首の側面に排気タービン過給器が見えている

技術を楽しんでいるに過ぎない。こんなことでいいのだろうかという疑問が頭の中を去来する。設計室の中にも、ようやく落ち着かない空気が漂いはじめた。

方向転換

太田では、すでに設計部門は解散したという知らせが入ってきている。太田工場は疾風の、隣りの小泉工場は零戦の主生産工場である。設計部を解散しても、部員の働く職場はいくらでもある。

それにくらべて、三鷹研究所はキ-八七の試作以外に仕事を持っていない。設計部門を解散すれば部員のみならず、全工場の仕事が事実上ストップすることになる。当時、この工場には勤労学徒のほか勤労動員で召集された人々を加えると、二〇〇〇人以上の人が働いているのである。いまは、だれもが何かをしなければならない非常時である。女性の竹槍訓練を笑って見ているだけではすまされない。そうかといって、広い敷地を利用してい

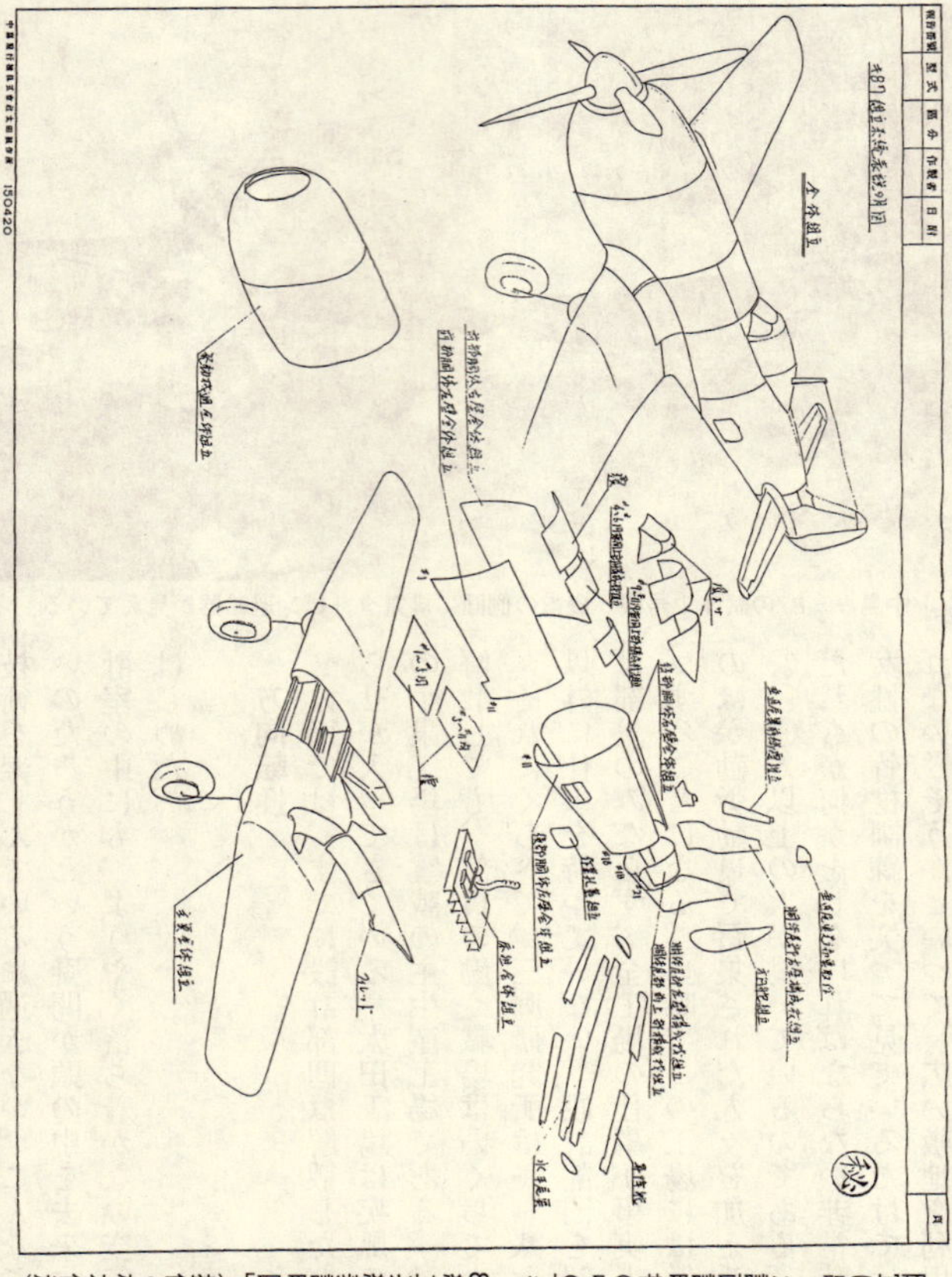

陸軍に出した計画説明書の中の「キ－87組立系統表説明図」（提供：松本俊彦）

まさら芋《いも》作りでもあるまい。

われわれは飛行機造りしか能がない。それはまた、われわれにしかできない仕事でもある。いろいろ考え抜いたあげく、行き着いた先はやはり飛行機を造ることであった。

チームのメンバーは、いずれも戦闘機を専門にしてきた連中である。九七戦以来、中島代々の戦闘機製作によって継承されてきた伝統技術は、いやというほど頭にたたきこまれている。

その基本だけを生かして、細かい技巧をいっさい省いたならば、いまからでも戦争に間に合う飛行機を設計できるのではなかろうか。キ-八七が間に合わないなら、間に合う飛行機を造ってみようじゃないか。「剣《つるぎ》」発想の原点は、こんなところにあった。

設計の基本方針

小型爆撃機の構想

それにしても、ただ飛ぶだけでは意味をなさない。何か役に立つものでなければならない。

B-29の爆撃は相変わらず続いている。連日定期便のように、日本のどこかに現われ、多くの都市が焼かれ、人々が殺傷されている。これを阻止できるものであれば最高であるが、それは技術の粋をつくした第一線戦闘機の仕事で、速成の飛行機の手に負える仕事ではない。

このままで推移すれば、米軍はこの次に上陸作戦を試みてくることは必定である。すでにあちこちの海辺地域では、上陸に備えて陣地構築を始めているらしい。

速成の飛行機が役に立つとすれば、そのときこそ最後の機会となるだろう。われわれは、戦闘機の座標を離れて飛行機を考えることはできない。持ち時間からいっても小型機でなければならない。

たとえ、戦闘機や軍艦には歯が立たなくても、仮にも飛行機と名がつく以上、輸送船団や上陸用舟艇を攻撃するくらいのことはできるはずだ。

海岸に群がり寄せる上陸用舟艇のどまん中に、瞬発信管付きの大型爆弾を放り込むだけでいい。照準も何も要らない。命中させる必要はない。上陸用舟艇を転覆させたり衝突させる効果をあげて、大混乱を引き起こすことができればよい。あとは野となれ山となれ、トンボ返りに引き返してくるならば、操縦者の生還率も高いだろうし、機体の回収もできて反復して使用可能となる。

空戦能力を除き、航続距離を短くすれば、構造も装備も簡単になり、重量は軽く機体は小型ですむ。身を守る手段はスピードだけとし、余力はすべてスピードの向上に充てる。

それは一口にいって、既述の調布飛行場の防空戦闘隊の青年将校が語ってくれたとおり、戦闘機から剝ぎ取れるものはすべて剝ぎ取り、構造も装備も極限まで簡素化した小型機ということに帰結した。

そうなると、設計上も製作上にも面倒な問題はいっさいなくなる。そんな飛行機だったら、いまからでも間に合わせて造ることができるかもしれない。それをやるとすれば、戦闘機の構造を知りつくしているわれわれこそ最適なはずだ。やってみようじゃないか。失敗しても元々である。

ただし、このような話を皆が集まって論じ合ったわけではなかったが、同じ技術を持った若者たちが、同じ環境に置き去りにされ、何かしなければならないと必死になって考えたとき、以心伝心、だれいうとなしに、そこに一つの小型機のイメージが浮かんできたのである。

簡易化の工夫

戦闘機は、図体こそ小さいが技術的には最もぜいたくな飛行機である。しかし、いまわが国は家庭内の小さな金物まで集め、松の古根から燃料油を絞るようなことまでしている。各種の資材が底をつき始めたのであろう。ぜいたくをいっている時代ではない。

いままでの戦闘機をよそ行きのドレスとすれば、古い布をつぎはぎして造った簡単服のような飛行機となるだろう。それでも飛行機であることにかわりはない。あらゆる資材が底をつきかけているわが国としては、こんな飛行機でも我慢してもらうしかない。

航空機とは本来、主翼と尾翼とこれらを連結する胴体のほか、エンジンとプロペラがあればよい。降着装置は離着陸に必要なだけで、飛行そのものには必要なく、むしろ邪魔になる。

これより先の昭和六年（一九三一年）十月、二人のアメリカ人が操縦する〝ミス・ヴィードル号〟が青森県淋代《さびしろ》海岸からアメリカの西海岸まで、史上最初の太平洋無着陸横断飛行に成功した。その際、降着装置を離陸直後不要として投下し、胴体着陸した例がある。また、降着装置の故障で胴体着陸をした例はいくつか聞いているが、死亡した例は少ない。この場合は意味は違うが、降着装置を省略できれば設計上大きく時間を節約できる。

降着装置は、大きく分けると緩衝装置を含む支柱と、車輪の引き揚げ装置と、これを作動させる油圧系統との三つの部分から成り立っている。これらは、いずれも精度の高い機械加工部品の集積で、製作には時間がかかる。そのうえ、格納のために主翼にも面倒な構造が必要である。

ことに、戦闘機の場合は薄い主翼の中にぎりぎりに収めるため、回転軸の取り付けと格納室との微妙な寸法関係によるからである。過去の戦闘機をみると、一度で脚がぴったり収まった例は少ない。引込式降着装置を省けば、ゆうに数ヵ月の時間はかせげる。

この際、降着装置は離陸直後に投下し、爆弾倉の蓋を廃し、弾倉の底の両側の縁材を橇《そり》にして、グライダーのように胴体着陸することにする。多少危険をともなうが、これは操縦者の腕に頼るしかないだろう。しかし、これによって操縦者の生命は守られ、エンジンも回収できると考えた。

最後に、問題はエンジンである。これぱかりは簡素化できない。いまエンジンの余っているものなどあるはずはないが、とりあえずもっとも入手の可能性の高いエンジンを当てにして、設計を進めるしかない。それには、隼と零戦で使用している栄《さかえ》シリーズのエンジンを当てにすることにした。

エンジンが決まれば、プロペラもそれに準じて隼用プロペラを使うことになる。このプロペラなら、予備品として使い残しの新品もあるはずである。こうして具体的構想をまとめた。

「剣」の命名

太田の設計本隊が解散になった昭和十九年（一九四四年）の秋ごろから、われわれが岩手県に疎開する二十年春までは、実に様々なことが起こった時期である。その一つ一つのことは頭に残っていても、その前後関係となると記憶は、はなはだあいまいである。次に述べることも、たしかそのころのことであったと記憶している一つである。

秋も深まったある日、フィリピンでいよいよ米軍と決戦が行なわれるという記事が大きく新聞で報道された。その大きな見出しの中に、山下軍司令官の「……フィリピンは広い、戦いがいがある。われに剣をあたえよ……」という意味の言葉があった。言外に武器の不足を訴えているように聞こえた。

われわれは、その言葉の中の「剣」をとって、考えている小型攻撃機に「つるぎ」という名をつけることにした。

風洞実験と荷重倍数

設計にかかる前に、解決しておかなければならない大きな問題が二つあった。

一つは風洞実験をどうするかである。航空機は、設計に際し風洞実験を行なって、空気力学的性質を確かめるのが定石である。しかし、それにはきわめて精度の高い木製の風洞模型を造ることから始まり、測定を終わるまでかなりの時日を要する。

この小さな攻撃機は、戦闘機のように曲芸的飛行を繰り返して空戦をするわけではない。低空から隠密裏に目標に近づき、爆弾を投下したらただちにUターンして引き返せばよいのである。着陸は、砂浜なり畑なり、空き地に胴体着陸するだけである。

このように、単純な飛行しかしないのであるから、緊急を第一とする時期なので風洞実験は省略することにした。いままでわれわれの経験した戦闘機を参考に、基本的な寸法、重量配分、舵面の大きさなどを決めたら、普通の一般的操縦性は十分確保できると考えた。

もう一つの問題は、強度の標準をどの程度に選べばよいかということで、つまり荷重倍数の選び方である。飛行機でもっとも注意を要するのは強度である。そのためにはボルト一本まで強度計算を必要とする。その計算は荷重倍数が決まらなければできない。（注、飛行機は着陸したり各種の運動を行なうとき、その重量の何倍かの荷重を受ける。安全率とその倍数の積を荷重倍数という）

過酷な飛行に耐えねばならぬ戦闘機の荷重倍数は、およそ一三倍である。すなわち、主翼の強度が全備重量の一三倍の荷重に耐えなければならないという意味である。

荷重試験に当たっては、実際の機体を裏返しにして胴体で支え、翼の上に全備重量の一三倍の重錘を風圧分布に応じて積みあげ、その負荷に耐えることを必要とする。全備重量三トンの戦闘機なら、あの薄い主翼の上に荷物を満載した総重量一〇トンのトラックを、片翼に二台ずつ載せても破壊してはならないということである。

その他の構造部分も、これに応じた強度を持たなければならない。したがって、荷重倍数が大きくなれば、構造を強化するため重量は重くなる。

この攻撃機は、形は小さいが戦闘機のように行動するわけではない。それにしても、一〇〇〇馬力を超えるエンジンを搭載し、最高速度は六〇〇km／hに近いと予想されるので、いい加減なことはできない。荷重倍数を明確に定めて、これに則って強度計算をしなければならない。

いろいろ考えたあげく、荷重倍数は爆撃機並みに「六」と定めた。

試作機完成

設計開始へゴー

こんなある日、耳よりなニュースが飛び込んできた。当時、設計部には現役の将校で軍服のまま技師の資格で配属されている技術将校が四、五名いた。その中の一人が、隼《はやぶさ》用旧型エンジンのハ‐一一五（空冷式星形一四気筒一一五〇馬力）が四〇〇台あまり、軍需省の倉庫に挨をかぶって眠っているという情報を持ってきた。

いまや資材も底をつきかけ、エンジン工場も疎開で生産量もガタ落ちになっていた。このエンジンを遊ばせておく手はない。これを活用するにふさわしい道は、われわれの小型攻撃機をおいてほかにあるとは思えない。

すでに、国内では疎開が始まり、情報伝達や交通の流れも円滑さを欠き始めていた。たがいに分かれ分かれになった集団は、ある程度自主的に行動するしかない。ことにわれわれの場合、太田の本隊はなくなり、後続部隊の来る当てもない。

ここは、いよいよ自主的判断によって、最適の行動をとるべきである。考えている段階はもはや過ぎた。目標もすでに決まった。後は走り出すばかりである。私は迷わず「ゴー」のサインを出した。

いままで述べてきたことから明らかなとおり、小型攻撃機の構想はすでにわれわれの頭の中にほぼ形造られていた。キ-八七の設計の方は大筋では、ほぼ終わっていた。新しい仕事を流すにはよいチャンスである。戦闘機の設計には手慣れた連中の集まりで、三図面とエンジン、それに荷重倍数さえあたえれば、設計するのにそれほど時間はかからないはずだ。

米軍の上陸作戦がいつあるのか、わかるはずもないが、とにかくそれに間に合わせることが重要である。人も時間も使えるものはなんでも使わなければならない。

前にも述べたが、設計部には五〇人ほどの勤労学徒が配属されていた。われわれは、研究所周辺の空家を借りて住んでいたが、勤労学徒の青少年たちの多くは都内に住んでいた。頻繁にやってくる空襲のたびに、食器とふとんを担いで防空壕に飛びこんだなどと話し合っている。中には家が被災した子もいたであろう。最寄りの国鉄武蔵境《さかい》駅から研究所まで交通機関はなく、歩いて四〇分近くかかったと思うが、皆遅れもせず通ってくれた。

設計室に漂う緊張した空気を感じとってか、彼らもまた必死になって図面作りを手伝ってくれた。こうした思わぬプラスアルファの要素も手伝って、設計は思いのほか早く進んだ。

戦後、この青少年たちに会う機会もないが、いまでも各学校それぞれの制服姿が目に浮かんでくる。

一号機完成時のハプニング

図面が流れ出せば製造部は動き出す。製造部にとって、この素朴な小型機を造ることは、きわめて容易なことであった。一号機が完成したのは、二月の末ごろであったと記憶している。

図９：中島特殊攻撃機「剣」甲型（キ－115甲）

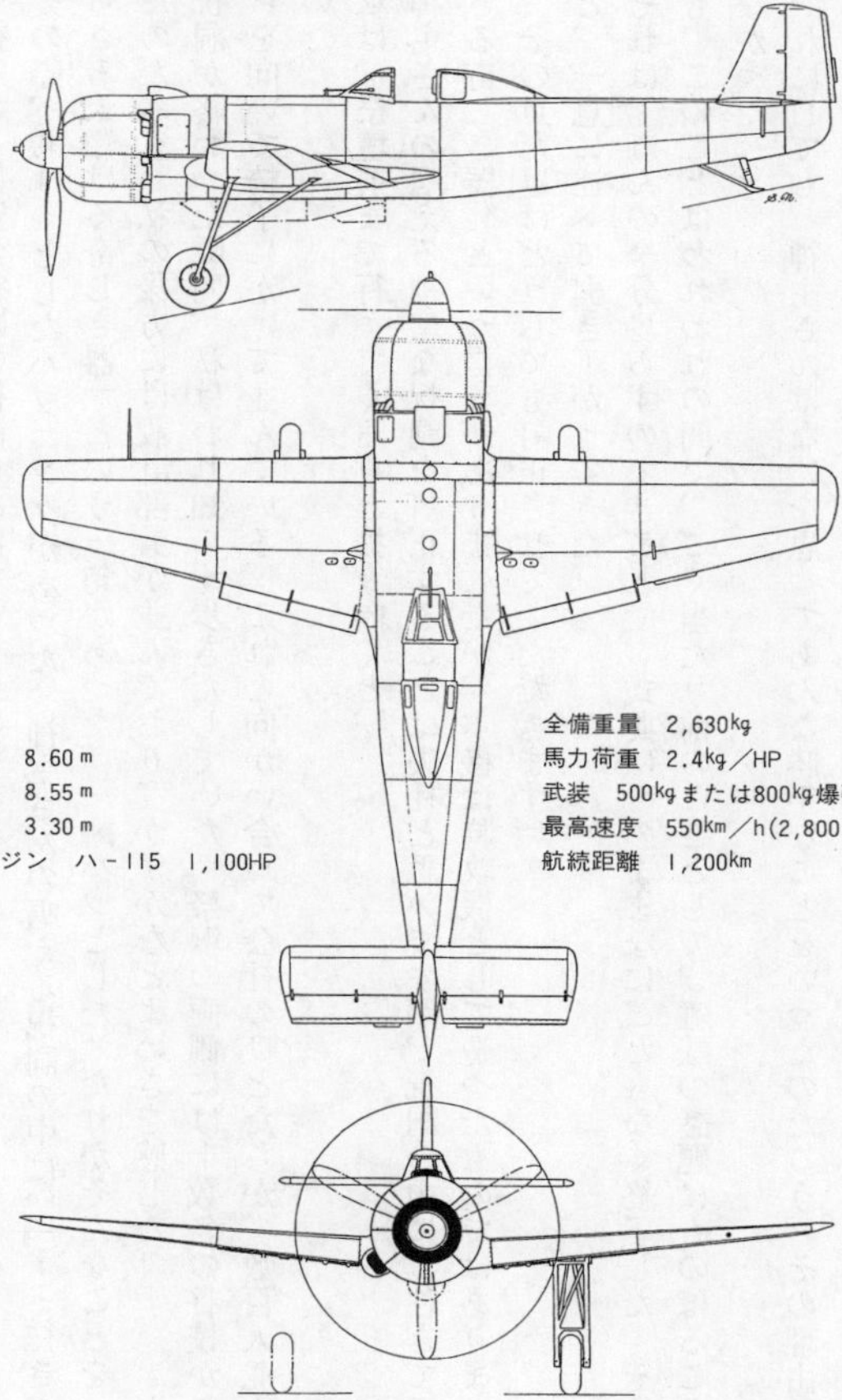

全幅　8.60m
全長　8.55m
全高　3.30m
エンジン　ハ－115　1,100HP

全備重量　2,630kg
馬力荷重　2.4kg／HP
武装　500kgまたは800kg爆弾×1
最高速度　550km／h（2,800m）
航続距離　1,200km

試作機が完成すると、お祓いの式をするのが当時の習わしであった。軍民関係者が集まって、神主さんに安全祈願の祝詞《のりと》をあげてもらうのである。

その際、ちょっとしたハプニングがあった。神主さんの唱える祝詞の中に、「……往きて還らざる天翔ける奇しき器《き》」という一句があった。一瞬ハッとした。だれがそんなことをいったのだろう。私の後方には設計部員が並んでおり、かすかなどよめきを感じた。

祝詞が終わった瞬間、私はわれ知らず歩きだしていた。祭壇の両側には十数名の将校がこちらを向いて椅子にかけて並んでいる。これと向かい合って会社のひとたちが、数百人並んでいた。

私は、祭壇前まで行ってくるりと振り向くと、

「神主さんの唱える神聖な祝詞を訂正することは失礼と思いますが、祝詞の中に〝往きて還らざる奇しき器〟という言葉がありましたが、本機は特攻機として造ったものではありません。その点だけはどうしても訂正させていただきます」

と、一息に述べて引き下がってきた。

それは、ほんの一分足らずのできごとで、式典はそのままなにごともなく終了した。その後も、このことはわれわれの間で、ごく当たり前のこととして、雑談の話題にものぼることはなかった。

それにしても、神主さんはなにを思ってあんな勝手なことをいったのだろう。その理由は後になってわかった。

この神主さんは徴用されて、われわれの工場で働いていた人であった。工場では、いまま